U0349795

《与生命对话——COP15的实践与思考》编委会

与生命对话

——COP15的实践与思考

CONVERSATION TO LIFE

主　编　李　暾
副主编　段兆尧
李映青

云南大学出版社
YUNNAN UNIVERSITY PRESS

图书在版编目（CIP）数据

与生命对话 ：COP15的实践与思考 / 李暾主编. --
昆明 ：云南大学出版社，2022
ISBN 978-7-5482-4652-7

Ⅰ. ①与… Ⅱ. ①李… Ⅲ. ①生物多样性－生物资源
保护－研究 Ⅳ. ①X176

中国版本图书馆CIP数据核字(2022)第074475号

策　　划：陈　曦
责任编辑：陈　曦
封面题字：冯　书
封面设计：刘　雨

与生命对话

——COP15的实践与思考

CONVERSATION TO LIFE

主　编　李　暾
副主编　段兆尧
　　　　李映青

YU SHENGMING DUIHUA
COP15 DE SHIJIAN YU SIKAO

出版发行：云南大学出版社
印　　装：昆明理煜印务有限公司
开　　本：889mm×1194mm　1/32
印　　张：8.125
字　　数：170千字
版　　次：2022年8月第1版
印　　次：2022年8月第1次印刷
书　　号：ISBN 978-7-5482-4652-7
定　　价：66.00元

社　　址：云南省昆明市一二一大街182号（云南大学东陆校区英华园内）
邮　　编：650091
电　　话：（0871）65031070　65033244　65031071
网　　址：http://www. ynup. com
E-mail：market@ynup. com

若发现本书有印装质量问题，请与印厂联系调换，联系电话：0871-64167045。

《生物多样性公约》第十五次缔约方大会
云南省筹备工作领导小组办公室
中共云南省委宣传部
中共云南省委教育工委
云南省教育厅
共青团云南省委
文件

关于举办COP15国际网络视频演讲大赛的
通知

一、指导思想

二、组织机构

三、大赛主题内容及参赛范围

（一）演讲主题

“生态文明：共建地球生命共同体”

Ecological Civilization：Building a Shared Future For All Life

生态文明：共建地球生命共同体

Ecological Civilization – Building a Shared Future for All Life on Earth

COP15国际网络视频演讲大赛
汉语成人组决赛

指导单位：COP15筹备工作执行委员会办公室

主办单位：COP15云南省筹备工作领导小组办公室　中共云南省委宣传部
中共云南省委教育工委　云南省教育厅　共青团云南省委

承办单位：云南省演讲学会　中国日报社21世纪英语教育传媒

二〇二一年十月　中国·昆明

决赛评委

生态文明：共建地球生命共同体
COP15国际网络视频演讲大赛
汉语成人组决赛

生态文明：共建地球生命共同体
COP15国际网络视频演讲大赛
汉语成人组决赛

生态文明：共建地球生命共同体
COP15国际网络视频演讲大赛
汉语成人组决赛
指导单位：COP15筹备工作执行委员会办公室

决赛合影

生态文明：共建地球生命共同体
COP15国际网络视频演讲大赛
汉语成人组决赛

谨授予：云南省演讲学会

2020年联合国生物多样性大会
COP15 CP/MOP10-NP/MOP4

支持单位

CBD COP15云南省筹备工作领导小组办公室
2021年10月

颁奖剪影

前 言

为深入学习宣传和贯彻落实习近平生态文明思想，迎接联合国《生物多样性公约》第十五次缔约方大会（简称 COP15）2021 年在云南昆明召开，围绕 COP15 主题“生态文明：共建地球生命共同体”，在新冠肺炎疫情肆虐全球的背景下，宣传大会召开的重要意义，提升全社会生物多样性保护意识和生态文明素养，深入宣传我国生态文明建设和生物多样性保护成果，展现我国积极参与全球生物多样性等环境治理成就的世界贡献，讲好生物多样性保护和共建地球生命共同体的中国故事，为大会召开营造良好舆论氛围，在 COP15 筹备工作执行委员会办公室的指导下，云南省 COP15 筹备工作领导小组办公室、中共云南省委宣传部、中共云南省委教育工委、云南省教育厅、共青团云南省委组织主办 COP15 国际网络视频演讲大赛，并由云南省演讲学会、中国日报社 21 世纪英语教育传媒作为承办单位。

为组织开展好 COP15 国际网络视频演讲大赛，扩大在省内外的影响力，云南省演讲学会主动出击，积极争取，精心组织，充分发挥演讲学会宣传功能，把习近平总书记向世界发出“春城之邀”转化为“我为 COP15 大会鼓与呼”的演讲活动，把此次组织好赛事作为学会重大政治任务落实，抓住机遇进一步打造云南省演讲队伍，推动云南演讲事业发展。云南省演讲学会高度重视，多次召开会议学习领会有关文件精神，传达上级要求，统一思想认识，强调举办 COP15 国际网络视频演讲大赛是为认真贯彻落实习近平生态文明思想，讲好生物多样性保护和共建地球生命共同体的中国故事和云南故事，营造大会召开的良好舆论氛围；在云南昆明举办的国际性演讲大赛，能够承办此次 COP15 国际网络视频演讲大赛的任务十分光荣，要珍惜党中央给云南提供的大好机遇和上级部门对云南省演讲学会的信任，积极发挥演讲学会的宣传功能，竭尽全力组织好演讲活动，力求广泛动员参与，为本次大赛各阶段的工作和筹办做好充分的舆论宣传，展现中国气派、云南特色、春城风貌，收到宣传 COP15 大会和展示演讲艺术的最佳效果。

在 2021 年 5 月份 COP15 主题宣传月媒体通气会上，云南省演讲学会宣讲了 COP15 国际网络视频演讲大赛前期运作情况，请各主流媒体广泛宣传演讲信息，同时将大赛公告采用多种方式传递到大中小学、企事业单位、培训机构以及演讲学会语言艺术实训基地等，广泛发动各地演讲爱好者参加。与此同时，学会联合全国兄弟演讲学会在全国演讲界进行宣传；邀请各省（市、自治区）演讲协会及社团推荐参赛选手，并邀请全国知名演讲家为赛事代言，在全国范围内扩大宣传。省演讲学会还将大赛信息传递至海外，诚邀华文院校和华人演讲爱好者参加 COP15 国际网络视频演讲大赛。此次演讲大赛宣传充分发挥网络平台快速便捷的优势，宣传范围广，覆盖云南省 16 个州市，拓展到省外国外，参赛人员多、行业广。参赛选手省外有贵州、湖北、浙江、广东、福建、山西、内蒙古等省（自治区）选手，还有来自越南、缅甸、泰国、柬埔寨等国家的选手以及科威特华侨选手。此外，为保障COP15演讲大赛圆满完成，云南省演讲学会秘书处认真细致地组织决赛工作人员进行岗前培训，使其熟知决赛流程和工作要求，为工作人员上了生动的COP15专业课，帮助工作人员全面认识COP15，增强做好服务工作的意识，并对演讲决赛从住宿、餐饮、会务、赛务、广告设计与制作，到选手报道、抽签、彩排等环节做了细致的计划和安排，为圆满、高质量地进行演讲决赛夯实了良好的基础。与此同时，云南省演讲学会制订了详尽可行的评审方案，组织省内演讲专家全程参与评审，对汉语成人组参赛的437件演讲视频作品组织了集中综合评审，按照“公平、公开、公正”的原则，最后合议终审确定了汉语成人组参加决赛的选手。

2021年10月29日，在云南省教育厅报告厅，55名来自国内外的选手进行高潮迭起的总决赛，经专家组认真、公正评审，评出一等奖5名、二等奖10名、三等奖20名、优秀奖20名。参赛选手紧扣大赛“生态文明：共建地球生命共同体”主题，结合工作生活实际，讲述了对演讲主题的思考和领悟；讲述了生物多样性宣传保护工作和生态文明建设成果，特别是在参与生物多样性保护的实践中的真实经历和感受；充分展示了中国生物多样性的丰富性、独特性及保护生物多样性的中国贡献和中国实践；讲好身边致力于构建人与自然和谐共处，共建世界美好家园的过程中涌现出的感人故事。选手演讲结束后，云南省演讲学会会长李暾教授以“生、物、多、样、性”为中心语，结合选手现场演讲内容和语言艺术表现形式作了精彩的评述和总结，感谢选手们用演讲语言艺术宣传了云南生物多样性保护的成果，彰显了中国生态文明建设的显著成就，表达了海内外共建地球生命共同体的良好愿望；同时号召广大演讲爱好者发挥演讲才智，讴歌新时代，推动演讲事业健康持续发展，为进一步加强生态文明建设，共建地球生命共同体作出贡献。大赛刚结束，云南省演讲学会选派此次决赛的优秀选手参加“文明的力量”全国演讲大赛，云南选手荣获一等奖、二等奖和最佳演讲辞奖、最佳指导教师奖，云南省演讲学会荣获优秀组织奖，为 COP15 国际网络视频演讲大赛画上了一个圆满的句号。

总之，在 COP15 国际网络视频演讲大赛主办单位和有关部门的认真指导和大力支持下，在海内外选手的积极报名和热情参与下，在云南省演讲学会班子和专家骨干的有力带动和周全统筹下，由云南省演讲学会承办的 COP15 国际网络视频演讲大赛汉语成人组演讲总决赛取得圆满成功。此次大赛圆满成功，完成了 COP15 组委会交予承办的重要任务，广泛深入地宣传了 COP15 的主题内容，使国内外大众知晓生物多样性保护的重要和责任，同时展示了云南省演讲学会强大的正能量和敢于担当的负责精神。值得一提的是，此次大赛制订了创新的方案，采用了利用学会公众号平台进行宣传，专家和学会班子成员做集体短视频采用了演讲示范，线上线下宣传和培训指导；利用网络自媒体进行传播，展播选手优秀作品；组织专家团队集中评议，决赛现场线下线上结合，国外国内选手代表分别发言，决赛以中心语做精彩点评，颁奖典礼由云南省电视台现场展示等创新形式。云南省演讲学会及时认真总结了承办此次COP15国际网络视频演讲大赛的十一个主要特点，即背景强、规格高、规模大、空间广、历时长、参与多、形式新、奖项满、效果佳、影响好、后续全等，为演讲学会今后组织举办各类演讲比赛，特别是世界级国际性演讲大赛，积累了丰富务实的宝贵经验。

对于此次大赛，国内主流媒体及省市媒体作了全方位有力报道宣传，着力于宣传云南省生态保护的显著成效、中国生态文明建设的重大成果、共建世界生命共同体的良好愿望。尤其是此次大赛是在世界百年未有之变局和全球疫情仍未止的大背景之下举行的，大赛的成功举办，举世瞩目地彰显了中国的雄厚国力和战胜疫情的可喜成果。

为了及时向社会各界宣传推介此次COP15国际网络视频演讲大赛优秀作品，现将此次COP15国际网络视频演讲大赛汉语成人组参赛作品及汉语青少年组作品、英语组获奖作品汇集成册，编写成题为《与生命的对话——COP15的实践与思考》演讲作品集，由云南大学出版社出版，作为全省演讲爱好者学习借鉴的范本，以期产生更大的社会影响力和正能量。特别值得一提的是，此次演讲作品集的编印是通过生动鲜活地讲好全省生物多样性保护和共建地球生命共同体的云南故事和中国故事，更好地认真学习贯彻落实习近平生态文明思想，汲取践行初心使命的前进动力，凝聚团结奋进的磅礴力量，提升全社会生物多样性保护意识和生态文明素养，深入宣传我国生态文明建设和生物多样性保护成果，展现我国积极参与全球生物多样性等环境治理成就的世界贡献，倡导生物多样性保护和共建地球生命共同体的美好愿望，为“十四五”期间我国高质量发展，为实现第二个百年奋斗目标，创造新的时代辉煌，铸就新的历史伟业。

2021 年 10 月 31 日

目 录

领导致辞·发言

汉语成人组选手作品

专家点评

汉语青少年组选手作品

英语组选手作品

领导致辞·发言

COP15 国际网络视频演讲大赛汉语成人组决赛致辞

云南省委宣传部传播管理处处长　李　新

联合国《生物多样性公约》第十五次缔约方大会第一阶段会议已在昆明成功举办。首先祝贺大家，经过层层选拔进入决赛。本次大赛得到社会各界的关注和支持，分为汉语成人组、汉语青少年组和英语组三个组别，自 2021 年 5 月份开始征集作品以来，汉语成人组收到 437 部作品，汉语青少年组收到 650 部作品，英语组收到来自美国、英国、新西兰、阿富汗、巴基斯坦、俄罗斯、加纳、老挝、卢旺达、马达加斯加、马来西亚、孟加拉国、乌克兰、也门等 50 多个国家 400 余部作品。部分优秀作品已经在我们 COP15 官方网站、学习强国等平台上展播展映。

接下来感谢为这次比赛辛勤付出的评委、工作人员和来自海内外的选手们，你们从不同的角度，用演讲的方式宣传介绍了习近平生态文明思想，阐述绿水青山就是金山银山，讲述和分享身边的生动故事。

最后，预祝本次COP15国际网络视频演讲大赛汉语成人组决赛圆满成功！祝参赛选手赛出水平，赛出风采，赛出最好的自己。期待在10月31日的颁奖典礼上再次看到你们！

评委代表发言

决赛评委　赵晓春

金秋时节，COP15 国际网络视频演讲大赛终于迎来了最激动人心的决赛冲刺阶段，本次大赛自 2021 年 5 月中旬启动以来，汉语成人组共收到了来自全国多个省份以及越南、缅甸、泰国、柬埔寨、科威特等国家的 437 件演讲作品，前后经历了宣传动员、辅导培训、阶段展示、集中评议、提升质量等多个环节，最终产生 55 名优秀选手进入今天的决赛。

演讲，既是思想的表达，更是一种力量的号召，它将感染和带动更多的人，去深情凝视这颗蓝色的星球，去看、去爱每一个物种、每一个生灵。表达人类未来发展的宏图，是建立在生物多样性的繁盛之上，这张宏图，宏伟而且谦卑。

今天，我代表评委表态：我们将以喜悦的心情，认真聆听每一位选手的演讲，欣赏花儿的绽放，喝彩思维的闪光。并郑重承诺：在比赛评判中，将严守公开、公平、公正的原则，遵照评分细则，不徇私情，以严肃认真、高度负责的态度完成好评委工作，并自觉接受大家的监督。

最后，祝愿各位选手，发挥最好水平、赛出最好成绩！

国外选手代表发言

〔缅甸〕江妮妮

大家知道，造成生物多样性丧失的 5 个主要因素都与人类活动有关，分别是土地和海洋利用的改变、植物和动物的过度开发、气候变化、环境污染、外来物种入侵。在生物多样性保护方面，人类正面临史无前例的挑战。

COP15 是联合国首次以生态文明为主题召开的全球性会议，之所以能在中国成功召开，一是因为中国的抗疫工作在全世界做得最好；二是因为中国是全球生物多样性保护的有力支持者和贡献者，中国的经验非常值得世界其他国家和地区学习。

在这次演讲比赛的参赛过程中，我多次被大会组委会的精心策划与准备、热情联系与周到服务所感动；多次被德宏州的领导们与学校同事们的中缅胞波情深所鼓舞。我热爱自己的祖国、也深深地爱上了中国；我喜欢即兴演讲、也崇尚环境保护。我愿与所有参赛选手们同呼吸、共命运，践行“生态文明：共建地球生命共同体”的主题，谱写好人类命运共同体的新篇章。

谢谢大家！

国内选手代表发言

魏健生

滇池荡漾，丹桂飘香，在这“万类霜天竞自由”的美好时节，我们欢聚一堂，隆重举行 COP15 国际网络视频演讲大赛线下决赛，共同讲述人与自然和谐共生的动人故事。

首先，我代表各位参赛选手为筹备这次大赛的有关单位以及为本次大赛辛勤付出的所有人员表示衷心的感谢！谢谢大家！

同时，也要热烈欢迎世界各地、五湖四海的演讲爱好者的到来，我们云南丰富多样的生态系统和气候类型孕育出典型且珍贵的生物多样性，被列为全球 36 个生物多样性热点地区之一，享有“两王国一花园”的美誉。世代居住在这片土地上乐山好水的少数民族同胞也在用各自的文化习俗滋养着这里的生灵万物。“路旁的花儿正在开，树上的果儿等人摘”，作为东道主，我们诚挚地邀请远方的朋友请你留下来，让我们一同去感受云南的生物多样性之美。

COP15 第一阶段会议已在昆明顺利召开，不同的人群传递出同一种声音，那就是：遏止和扭转地球生物多样性衰减的趋势，以更大的决心和有效的举措，加快生物多样性保护，共建人类共有的家园。作为一名自然保护区基层人员，这个声音让我热血澎湃，相信参加这次大赛的每一位选手都和我有着同样的感受，因为我们，也在传递着这个声音。今天，就让我们在这个舞台上，再次将它传递下去。

最后，请允许我代表参赛选手，作出庄严保证，我们一定会遵守比赛纪律，服从比赛安排，赛出水平，赛出风格。

汉语成人组选手作品

第四场景

云南省演讲学会　黄传颂

彩云之南，是一片充满神秘的地方，在这片土地上，不知上演了多少动人的传奇故事，野生大象北漂就是其中之一。野生大象北漂引起了全世界的惊叹和亿万网友的围观，刷抖音寻找野生大象的行踪也成为热搜。在被疫情包围的世界里，野生大象给我们送上了一份特别的感动、特殊的爱，它们用自己的实际行动告诉我们，爱，不仅可以温暖自己，还可以相互温暖，接下来就让我们看一看大象之间的关爱与温暖。

这次集体离家出走，共有 15 位成员，其中，母象 3 头、公象 6 头，还有 3 位“青少年”、3 位“小朋友”；15 位成员，就像一家人，时刻被爱包围着。看一看它们的排兵布阵，你就懂得了爱的力量。行军时它们通常由一头母象担任首领，雄赳赳、气昂昂地走在最前列，担任着开路先锋和沉着镇定指挥的任务，两头公象走在左右两边担任护卫，防止敌人的左右夹击。最令我们惊叹的是，它们还会派出警戒员，通常走在象群的最后面并且保持一定的防卫距离，让任何来犯之敌的突袭都难以成功。这阵势，无疑体现出爱凝结成的最大智慧。

不仅如此，生活中它们还相互照顾，母亲照顾孩子，哥哥姐姐照顾弟弟妹妹；睡觉时，它们会整齐地排列成一个圆，小朋友睡在中间，这就是大象家庭的可爱和温暖，这就是可爱的大象给我们带来爱的启示。刚才我们领略了大象家庭的爱。接下来再让我们看一看人与大象之间的互动吧！

互动一：大象，你先走！这次大象的集体离家出走，可谓是跋山涉水、穿越了江河、跨过了桥梁。在旅行中，为了保证它们的旅途安全，我们尽了最大的努力，先后动用警力 2.5 万人次，动用无人侦察机 973 架次，动用各种保障车辆近 3 万台次，为它们搬迁的群众达到了 150 万人次。为了大象不受干扰，不受伤害，我们做到了礼让三先！

互动二：大象，你先喝！淘气顽皮的大象，贪吃、贪睡、贪玩、还贪喝，两位小朋友闯入了农家小院，不仅吃了酒糟，还喝了烤酒，因酒醉，还误了行程。旅行中，它们不仅吃到了乡亲们投放的香蕉与菠萝，还偷吃了乡亲们的玉米，践踏了很多庄稼，乡亲们面对记者的采访，笑呵呵地说：“吃玉米不心疼，因为大象比玉米宝贵。”这就是朴实的乡亲，这就是最实际的保护动物的行动。

互动三：大象，你玩着我买单！泰国的大象在表演，老挝的大象在搬砖，中国的大象它们组成了一个非常壮观的旅行团！可以说，大象经历时间最长，跨度行程最远，长驱直入达500余公里到了云南省的省会城市——昆明。但无论时间有多长，距离有多远，损失有多大，我们都全力以赴，责无旁贷。可以说为了它们，我们花费了近千万元！我想，这也是我们综合实力的另外一种展现，我们不仅有经济实力保护它们——我们人类的共同朋友，我们的社会文明也提升到一个新的高度，人与自然和谐相处，各种生物之间相互尊重，相互关爱；已经在云岭大地屡见不鲜，层出不穷。

以上是人与大象的三个互动，我希望在不久的将来，看到第四个互动的场景，那就是人与自然生命相互尊重、相互生长、相互关爱；我更希望在不久的将来，看到每天75个物种灭绝的事实不复存在，而且消失的物种尽快地回到我们的世界当中，共享人与自然生命共同体的成果。朋友们，为了多样性生物能够不断繁衍、充满蓬勃生机，让我们共同努力！

追猴子的人

怒江传媒中心　杨　雪

一个月，六普和同伴在这个没电、没网、没信号的原始森林已经整整一个月了，今天再没什么收获就得下山，带的干粮和风湿药昨天就用完了。

“六哥，你是不是太执着了，或许我们这里真的没有‘弥啊’。”

“别废话，赶紧去 48 号界桩那里看看。阿爷说过早在 20 世纪 80 年代他就在山里见到过‘弥啊’。而且我们与缅甸接壤，与缅甸发现‘弥啊’的地理空间极其相似，位置也接近，‘弥啊’肯定会回来的。”

这两人是高黎贡山国家级自然保护区片泸水段的巡护员，他们口中的“弥啊”是一句傈僳语，翻译过来的意思是“鼻孔朝天的黑猴子”。

两人边说边往边界线上的远红外摄像机走去。“六哥，快来，快快……”同伴激动得话都说不清楚，六普凑过头一看，差点没站住，镜头中那只通体黝黑、面色绯红、鼻孔朝天、还有点儿像少女一样嘴唇的精灵不就是他们苦苦寻觅、朝思暮想的“弥啊”吗?

这天距离野生动植物保护国际组织在缅甸克钦邦当地猎人手中收集到金丝猴新物种标本，并称其为“缅甸金丝猴”已经一年多了。这个巨大的惊喜不仅是追猴人的巨大安慰，也改写了历史。因为人类已经 98 年没有发现仰鼻猴属的新物种了！这是一个震撼世界的重大发现，引发了世界生物科学界特别是灵长类研究学界的高度关注，金丝猴将是中国第 26 种野生灵长类动物，而专家一致认为是 27 个种，应该就是中国野生灵长类动物种数的上限，今后基本上不可能再有灵长类动物在中国被发现了。而我们怒江追猴人拍摄到了全球第一张金丝猴新种在野外活动的照片!

2011 年 10 月 28 日，为鼓励及肯定怒江州在保护野生动物和探寻新物种方面做出的巨大贡献，中国灵长类专家组组长龙勇诚教授建议将金丝猴新种的中文名命名为“怒江金丝猴”。

之后，越来越多的人加入到了追猴的队伍中，开始做大范围的调查、监测、保护和研究工作，工作进展得很顺利，也很迅速。2013 年 9 月 23 日对追猴人来说是一个永远会被铭记的日子，一对傈僳族夫妇送来了一只“弥啊”，一只鼻孔朝天的黑猴子，一只活的“怒江金丝猴”。

原来，常年在深山采药的老乡，8 个月前捡到了一只离群脱队、奄奄一息的黑猴子，抱回家后一直由他妹妹夫妇俩饲养，妹夫在去县林业局办事的时候，进门就看到了一张和自己家里那只猴子一模一样的照片，上面还写着“国家一级保护动物”、珍稀濒危物种“怒江金丝猴”。夫妻俩二话没说，立刻将猴子上交给了政府。

终于见到怒江金丝猴，该怎么保护它呢？对于“追猴人”来说所有的一切都是空白。老猎手的摇头让大家信心全无，上网查、找专家咨询……最终用了最直接的方式，那就是“一样一样地尝试”。在不到半年的时间里，一本特殊的怒江金丝猴“食谱”应运而生。这本“食谱”详尽地记录了怒江金丝猴的饮食喜好、禁忌、反应等。

能意外地得到这只全球唯一的雌性活体样本，与国家长期以来对保护野生动物入脑入心的宣传密不可分，与怒江的生态保护和怒江人对大自然的敬畏密不可分，与追猴人的执着密不可分。

如今，怒江“追猴人”和“弥啊”的亲密接触越来越频繁，先后拍到了猴群进食、理毛行为等高清视频，2021 年 5 月份拍摄到怒江金丝猴家族喜添新丁，猴宝宝在妈妈怀里撒娇玩耍的珍贵视频。在他们的呵护下，怒江金丝猴的数量增加到了 254 只，它们在这个世界上独一无二的一方净土里繁衍生息，也一定会生生不息。

怒江被誉为“动植物王国的明珠”“世界物种基因库”，人与自然完美和谐的理念深深根植于怒江各族人民的血液中，而这沸腾的血液融入了中华民族的血脉中，融入了世界文明的和谐共生中。“弥啊”被发现是自然的，它们的族群正在壮大是必然的，从靠山吃山到养山护山，从曾经的猎手变为大自然的守护者，怒江“追猴人”的队伍越来越壮大，这支队伍融入了保护绿水青山的滚滚洪流中，融入了探寻世界未知物种的行动中，融入了人类无限的追寻中。

梦开花的地方

云南省迪庆藏族自治州林业和草原局　魏健生

我生长在梅里雪山脚下的一个小山村，从小仰望雪山，阿爸说："这是我们的药神山，只要虔诚，雪山就会护佑你。"

9 岁那年，我生了一场大病，大雪封了进城的路，阿妈很着急，抱着我，手里的念珠一刻也没停，是阿爸进山采药把我救了回来。病好后的我靠在外公身上撒娇："阿尼，我也要学您教阿爸的那些本事，长大了我也要像您和阿爸一样当个好门巴。"外公轻轻地敲了一下我的头说："山里的本事倒是好学，但山外的本事更有用。好好读你的书，争取走出大山，学好山外的本事再回来学山里的。"

从那时起，一粒种子便埋进了我的心里，雪山护佑着我，我也要爱护雪山。

带上对梅里雪山的思念我踏上了异乡求学之路，所学的专业是植物保护，毕业后来到香格里拉高山植物园实习，跟在仰慕已久的植物学家方震东老师身后。

“唉，方老师，这是什么花呀，真漂亮！”

“这是中甸刺玫，是现今发现蔷薇属中花型最大的一种。”

“咦，那这个呢，好像一只鞋子啊！”

“哦，这叫云南杓兰，这个属的植物花唇瓣会特化成勺子状。杓兰保护就是我们植物园的目标之一。”

方老师耐心的解答着我的各种问题，偶尔也会听他讲述为建造这座中国海拔最高的植物园所付出的艰辛和努力。

有一次，我跟随他前往一段水电开发后的公路做植被恢复项目，快要完工时，听他讲起曾经在这条路上的一次考察。当天结束调查天已经黑了，电筒被马帮提前运到了当晚的夜宿地，队员们走得很吃力，方老师摸遍全身，只找到一个没有油的打火机。

他打一下火星，大家就跟着往前走一步，路宽不到一米，斜坡之下就是黑魆魆的江水。很快，火星也没了，可是路还剩三公里。就在这时，江对面照过来一个光柱，默契地送他们走完了全程。

方老师感慨地说到：“我至今都不知道对方是谁，但心里依然特别感动。无论是人，还是植物，生命的旅途中，都需要这样一道光，照亮前方的路，也照亮心里的希望”。

2019 年，我有幸参与到了“以国家公园为主体的自然保护地体系建设”这项伟大事业当中，成为了云南哈巴雪山省级自然保护区的一名保护工作者。

“老乡，你采的这个是山草果吗?”

“是的呀，这个炖羊肉香得很。”

“这里多吗?”

“以前多，现在少咯，要上到悬崖才采得到嘞。拿到镇子上，抢着买，你要不要嘛，这点便宜卖给你。”

老乡的话像刀子一样扎进了我的心里。山草果，学名叫贯叶马兜铃，是我国特有的一种野生香料植物，珍稀且濒危，再这样下去，野生资源很有可能会灭绝。我看着一株在险峻的石壁上顽强生长的贯叶马兜铃，下定决心一定要让它重回山岗。

随即我们调查了该物种的野生资源状况，通过建立保护小区、人工促进繁育、种群恢复重建等技术手段，我们保护的贯叶马兜铃已具备野外更新能力，有望五年内解除濒危等级。

在构建全球生命共同体的新时代，还有很多人在默默的奋斗着、奉献着、坚守着，让地球上的每一个生命都能够得到有效地呵护。

父辈教会了我敬畏自然，雪山教会了我顺应自然，老师教会了我保护自然。我也会把这份对大自然的爱传递下去，让梦的种子在更多人心里萌芽、成长、开花。

法之盾

——检察官与西黑冠长臂猿的故事

云南省人民检察院　邢文婷

这声音，来自无量山和哀牢山之间的珍稀动物西黑冠长臂猿，每天清晨，这些生活在云南省普洱市景东县的“小精灵”总会以悠扬而深远的叫声迎接新的一天到来，同时，仿佛也在向广袤的山野宣告：这里是地球同纬度带生物多样性最为丰富的地区之一，它们生活的这片土地，在不到万分之一的国土面积上保留着全国三分之一的物种！

无量山和哀牢山具有独特的天然屏障形态，是两个国家级自然保护区，享有“天然物种基因宝库”的美誉，以西黑冠长臂猿为代表的野生动物尤其著名。可是，人们却很少见过它们。

2019 年 4 月初，一只小猴子的突然闯入打破了漫湾镇安召村的平静。它在村里翻墙越户，弄得鸡飞狗跳，村民们都惊奇地去围观，懂行的人很快就辨认出这是全球极度濒危物种——西黑冠长臂猿，有资料显示，全球仅有1500余只，90%都分布在景东地区。只见这小东西十分灵巧地蹦来蹦去，一会儿探头探脑，一会儿像小孩子一样伸手要东西吃，有村民给它一个橘子，它还会剥了皮塞到嘴里。有时它会悄悄跑到说话的人周围驻足；有时它会走近玩手机的人，仿佛也想看看上面究竟有什么……很快，村民与它成了亲密的朋友。有人给它取了个吉利的名字：小平安，并且将它拍成抖音视频发到朋友圈里，它一下子成了社会关注的焦点。

这件事让景东县人民检察院公益诉讼检察官感到有些惴惴不安。他们通过实地调查知道“小平安”非常可爱，但调皮捣蛋起来却让人头疼。有一次它到村民家偷鸡蛋吃，被鹅发现，冲它大叫，它一把掐住鹅的脖子不放，撕心裂肺的鹅的叫声引来了许多村民，可是大家都束手无策，毕竟是国家一级保护动物，谁也不会动它。为了既保护好“小平安”，又不任由它惹是生非，甚至损害群众财物，检察官们开动脑筋，根据村子周边的环境对“小平安”潜在的安全隐患，以及村民与“小平安”接触时存在的疾病传播风险，检察机关发出检察建议：要及时对“小平安”采取管护和救助措施，帮助它早日回归大自然。建议发出后，野生动物保护专家特意到现场进行评估，在对“小平安”体检时发现它肠道功能受损，高烧近39度，事实证明检察官提出的建议不无道理。“小平安”被马上送到昆明救治，经过治疗，它已经康复，再经过一段时间的野化训练之后，就会把它送到对它最有利的山林里去。

新冠肺炎疫情期间，云南省检察机关依法严厉打击野生动物犯罪，我专门负责此项工作，我深切地感受到，在保护生物多样性的进程中，法律就像一个无形的盾牌坚守着最后一道防线，是不可或缺的重要一环。离开了法律之盾的保护，生物多样性就会失去有力保障。也许有人认为，保护生物多样性与我们检察官关系不大，但对“小平安”的救助就是我们检察官执公益诉讼之盾、应用法治的力量保护生物多样性的一个生动样本。“小平安”的故事启示我们，法律不仅保障人权和尊严，也保护着野生动植物的生存和环境！保护生物多样性，手执法律之盾的我们，定当竭尽全力，护其周全！

古语云：“德至禽兽，泽及草木，恩至于土。”保护地球家园，善待自然万物，是全人类共同的奋斗目标。21 世纪，中国实行生态文明和可持续发展战略，以绿色发展促进人与自然和谐共生，我们每一个人都是行动者，我们每一个人都将是受益者！保护生物多样性，让我们一起行动起来！

你听，西黑冠长臂猿悠扬的叫声又响起来了，这是人与自然和谐共存的声音，这是共建地球生命共同体的声音，这也是蓝色星球生命之歌的声音，愿这样的声音永远回响在天空之下、地球之上！

老人与海

云南出版集团　徐梓涵

提到《老人与海》，相信大家对这部世界文学名著都耳熟能详。今天，我要讲述的“老人与海”的故事，就发生在当代中国。这“海”，是洱海；这“老人”，是上海交通大学教授、一位扎根云南治理洱海的专家——孔海南。

1996 年和 2003 年，洱海两次大规模暴发蓝藻，正当迫在眉睫时，时任联合国环境署专家的孔海南主动请缨，要求参与到洱海治理保护的行动中来。已经 58 岁的他带着学生，从东海边来到洱海畔，立刻就投入到紧张的战斗中。他克服了自己长期患有高血压和心脏病等困难，很快就适应了从零海拔到高原海拔 2000 米的挑战。他说：“恢复洱海原生态湖泊是我半生的情结，一生的梦想。绝不能因为这样的困难阻碍前进的脚步。”

面对当时极其严峻的局面，他毅然挑起国家水专项（即“水体污染控制与治理科技重大专项”的简称）洱海项目负责人的重担，一干，就是15年。

孔海南没有忘记教书育人的本职，他把课堂搬到了治理现场，把实验室建在了洱海边。十多年来，共有1000多名师生跟随他在第一线栉风沐雨，成功成才，累计行程达500多万公里，共完成3万多次野外样品采集，分析水质指标16万多次。在这些数据的背后，是孔海南的辛勤付出和默默奉献。日行3万步、坚持实地采样，是他每天必做的功课之一，每当人们在朋友圈步行排行榜中又看到他“霸占榜首”时，都不禁啧啧称赞：老人用坚实的步伐，在苍山洱海间写下了最美的科学论文！

为了让洱海重焕昔日大理“母亲湖”的风采，这位老人几乎走遍了洱海流域的每一个村庄、每一条溪流，认真细致地为洱海“把脉问诊”。他所带领的团队用10年积累、5年实践、3年攻坚，通过自主研发，为洱海治理提供科技支撑。但他自己，却饱受着疾病频发的折磨，曾两次在校园和洱海边晕倒。攻坚克难阶段，他曾多次拒绝住院，医生告诉他：“不能太劳累，要注意多休息。”可他总是说：“项目不验收，我的心就放不下。”他带病坚守在第一线，仿佛在和时间赛跑。直到项目验收结束，他才住进医院，紧接着的是连续做了两次较大的心脏手术。后来，人们才知道，孔教授是拖着先天性心脏病在战斗啊！

15年的治水光阴让洱海的水变得越来越清，水鸟花鱼和谐共生，生物多样性愈加丰富。在他治水精神的鼓舞下，一代又一代生态环境保护的奋斗者茁壮成长起来。如今，接下老人重担的，有同样来自上海交大的王欣泽，以及 30 多位“80 后”“90 后”的“治水人”，他们继往开来，斗志昂扬，在这场“久久为功”的洱海碧水保卫战中继续书写辉煌的篇章。

看着孔海南行走在洱海边那老去的身影，我仿佛看见，在新时代生态文明建设之路上，还有很多像他一样，为了保护生态环境和生物多样性，奉献青春、甚至奉献终生的人。此刻，我想起了习近平总书记 6 年多前在洱海边的那句殷殷嘱托——“一定要把洱海保护好”。是啊，正是因为他们，为“‘苍山不墨千秋画，洱海无弦万古琴’的自然美景永驻人间”而不断努力着。

不久前，孔海南给大家上了一堂关于“老人与海”的党课，他说：“把自己的人生设计和国家的需求，民族的发展，祖国的明天联系在一起，你一辈子都不会后悔。”这，就是一个老人比大海还宽阔的胸怀；这，就是一个为全球生物多样性保护而不懈奋斗的老人！

坚守凤凰山

云南省公安厅　徐佳魏

凤凰山，位于横断山脉南缘滇西纵谷区、“三江并流”世界自然遗产区的末端，拥有大量国家 I 级和 II 级重点保护野生动植物，是生物多样性极为丰富的区域之一。20 世纪末以来，它却遭遇到了人为破坏，导致这里的森林野生动植物资源严重流失。

1994 年，怀揣“保护资源，保护生态，保护凤凰山”的信念，5 名民警在王洋局长的带领下走进凤凰山，从此，就与 22 万亩充满了生物多样性魅力的原始森林结下了不解之缘，这一守，就是 15 年！

这是用忠诚浇注的 15 年，是以人生最宝贵年华成就的 15 年。人迹罕至，没电没食材，手工搭建的帐篷是他们的住所，满山遍野找来的野菜就是食材，点燃了篝火就能够照明取暖。黎明时分，他们踏上巡山征途，大山深处的一草一木、一枝一叶都逃不过他们的视线，活跃在林间谷里的野生动物都与他们和睦相处。一天的路程，几乎等于半程马拉松的距离，还得风雨无阻，翻山越岭。15 年，他们走过的路可以抵得上几个万里长征，他们的每一次行程可谓充满坎坷，但是，一看到山林恣意生长，动物自得其乐，他们总会兴奋不已，为 15 个春秋的最美岁月，为保住了这一方山水感到问心无愧！

是啊，民警刘民的妻子下岗在家，租住在一间 15 平方米的小屋，独自照顾着孩子、老人。妻子念他，孩子怪他。刘民作为丈夫，他见过孩子的出生，却从未见过他的成长。

民警向昆武的妻子在他上山 6 年之后，留下刚读小学的儿子，离他而去……

局长王洋的妻子牛春花，是家属中唯一到过凤凰山的。她没有想到：丈夫和他的团队工作和生活条件是那么艰苦。因为男人们向她们讲述的，都是世外桃源般美好的故事。

每个民警都有他们自己的困难和艰辛。

15 年的坚守并不平静，凤凰山的各种矛盾被他们一一化解；密林追踪，让偷猎者闻风丧胆；山中育林，让曾经饱受伤害的森林逐渐愈合。生物多样性的原生态，使这里成为名副其实的野生动物家园、珍稀植物天堂！

凤凰山，只是我们云南森林警察工作的一个缩影。为了保护云南生物多样性，我们的队伍里涌现出许许多多生物多样性的坚守者，他们中，有使盗猎盗伐分子无处遁形的刑侦专家张乾、常年坚守在雪域高原的森林派出所所长顿珠培楚、保护云南唯一“绿宝石”热带雨林的西双版纳州森警支队副支队长袁松明。

他们跋山涉水穿越密林，足迹遍布我国纬度最低的雪山和纬度最高的热带雨林；他们在边境巡逻设卡堵截，奋战在4060公里边境线上；他们在火海舍生忘死，为铸就国土生态安全屏障洒下了热血和汗水、献出了自己宝贵的青春。他们甘愿长年远离城市，孤守山野，与静谧做伴，与寂寞为伍。但是他们心里却十分明白：正是这样的坚守，才有了云南天蓝水清、山川秀丽的今天，才能交出了一份生态文明建设的云南样本！

坚守和坚持，是一种精神，也是一种信念。没有15年的坚守，就没有凤凰山生态文明的成果。没有森林警察的坚持，云南的生物多样性一定是不一样的。人与自然的和谐发展，不可能一蹴而就，必须靠长期的一如既往的坚守和坚持。生态文明建设必须靠实实在在的行动才能有效。作为生态文明的守护者，我们森林警察义不容辞，责无旁贷。在云南这个生物多样性的广阔天地里，我们努力践行习近平总书记的生态文明思想，坚持不懈，守护永远！

凤凰山，愿你永远充满生机与活力！美丽的云南，愿你永远是生物多样性的典范！

我与春天有个约会

昆明广播电视台　周玉珠

如果说到春天，你们会联想到什么？悄然在枝头绽放的花朵，冲破寒冬的潺潺流水，还是那一缕缕温暖和煦的阳光？

对我而言，春天，意味着一座城市，一种生活，一种向上生长的蓬勃力量，更是一场永不落幕的约定。

从祖国沿海来到西南，与昆明这座美丽城市相遇，我的人生开启了新的旅程，这里的一切都让我感到惊喜：源远流长的历史文化，缤纷璀璨的民族风情，舒适宜人的自然环境，开放奋进的城市发展，对于一个渴望幸福生活的年轻人而言，这里的点点滴滴，无时无刻不在激发着对未来的无限想象。

留下来，是我与这座城市的约定。我喜欢在春天缤纷的花海里漫步，喜欢夏天清风徐徐吹拂，喜欢秋天满载枝头的累累硕果，更喜欢在冬天静静地聆听海鸥在城市上空的欢歌；在这座四季如春的城市，人与自然是如此的亲密，蓝天、白云、绿水、青山，是如此的触手可及，作为“中国十大美好生活城市”之一，昆明，从未让人失望。

一直以来，我都在思考究竟是什么让这座城市具有如此独一无二的魅力。是生命本真的基因禀赋，是敬畏天地的人文渊源，还是一如既往的使命担当？终于，我在昆明广播电视台的一线工作中逐渐找到了清晰的答案。

作为一名记者，和同事们一起，我有更多的机会领略昆明的壮美山川，去亲眼见证昆明丰富多样的生态之美，去感受返璞归真的环境变化，用心用情记录下一个个随时在这座城市上演的人与自然和谐相处的动人故事。

如今，我的耳边还时常响起滇池巾帼打捞队唱起的山歌小调。30 多年来，这些普通的渔家妇女，起早贪黑、辛勤工作，尽一己之力承担起了滇池水草垃圾的打捞工作，任凭风吹雨打，她们默默地坚守在平凡的岗位上，把最多的陪伴献给了魂牵梦萦的母亲湖，把最美好的青春岁月献给了滇池治理保护工作。滇池水清了，野生鸟儿们又回来了，她们经历风霜的脸上堆满了笑容，天光未亮，一如既往，她们乘坐着一条条小船继续荡漾在滇池的湖面上。

还有一个声音让我至今难忘，那是呼呼的风啸声，一年 365 天，这也许是护林员杨光辉听得最多的声音，在 2600 米海拔的地方，一个人、一座瞭望塔和一望无际的山林，日复一日，年复一年，艰苦的生活，孤独的岁月，白发换来的是青山的郁郁葱葱；162 号是瞭望塔的编号，是杨光辉的另一个名字，也是和他一样的护林人肩上最光荣的重担。

当生命与生命相遇，守护成了最深情的告白，在昆明有一群年轻的科学家，也在用自己的方式，通过一粒粒种子小心翼翼地呵护着地球生命的希望。作为中国西南野生生物种质资源库的“种子采集员”，从热带雨林到高山峡谷，从南海之滨到雪山极地，他们挑战生理极限，无畏艰难险阻，用点滴汗水为中国乃至世界筑起了“种子方舟”，用青春谱写下了生物多样性保护的一曲曲凯歌。

这样的故事实在太多了，海鸥老人数十年如一日，坚持为从西伯利亚飞临昆明的小精灵们送上温暖，直至生命的最后一刻；滇源村民挥别故土、举村搬迁，只为了成就一方水土的纯净，为滇池的生态涵养腾挪出新的空间……究竟是什么，成就了昆明生物多样性丰富的独特优势？是什么让昆明在建设区域性国际中心城市的豪迈步伐中，依然坚守着绿色发展的生态底色？

我想这离不开一个个平凡人的奉献，离不开一项项科学举措的落实，更离不开一座城市齐心协力推进生态文明建设，始终践行生命共同体理念的远见卓识。共建地球生命共同体，保护地球生物多样性，关乎人类的未来，关乎子孙后代，需要全社会的参与，需要你我付诸行动的坚守。

2021 年，《生物多样性公约》第十五次缔约方大会在昆明举办，习近平总书记向全世界发出了“春城之邀”；这座无数人心中向往、绿色健康的春天之城将不负众望，以一场美丽的约定，把春城大地的豪迈梦想与世界分享；春天将始终在这里等你，我们不见不散！

“象”往的生活

云南出入境边防检查总站　陈远宁

前不久，西双版纳州委宣传部的段金华副部长在自己的微信朋友圈发布了一条幽默的评论——“本人从事宣传工作 30 余年，致力于将西双版纳打造成为世界文化旅游名城的梦想，今天被 15 头大象实现了”。它们就是 2021 年 3 月份一路向北前往省城的“网红象”。

大象旅游，那可不是一件小事。背后有上万人在照顾——交警疏导交通、林草实时检测、专家定点投食、群众提前转移、工人铺路架桥、记者跟踪报道，网民也积极参与评论，它们每走一步都牵动着亿万国人的心。象，随心所欲，快乐出行 1000 里；人，忙前忙后，无微不至照料 100 余天。在这一事件的背后，映射着人与动物的和谐，与大自然的交融。

在西双版纳，类似事件我们早已习以为常，大象穿国门，出境游已是常态，我们派出所的民警接到的各类警情里面，除了有关人的，也有关于象的。

2005 年 1 月 6 日清晨，一头被外国偷猎者枪击致伤的象妈妈，带着她年仅 6 个月大的象宝宝腊腊与象群走散。当奄奄一息的母象走到云南省西双版纳傣族自治州勐腊县大黑山附近村庄时，象妈妈因为伤势过重，轰然倒地。她咆哮着，惨绝人寰的哀嚎在村庄的上空飘荡，不一会儿象妈妈停止了哀嚎，她要保存力气来哺育那仅有 6 个月大的孩子腊腊，腊腊依偎在母亲的怀里吃着妈妈的奶，妈妈温柔地看着它。不知过了多久，象妈妈的腹部不再起伏，腊腊好像感到了什么，它用力吸奶，可是，没有奶水了——腊腊知道，妈妈走了。腊腊哭喊着，试图唤醒妈妈，可妈妈的眼睛再也没有睁开。

当村民试图靠近象妈妈时，腊腊用幼小的身躯一次次冲向他们，村民一次又一次后退。腊腊不停地哭，不停地嘶吼着，它要守护着妈妈，不让任何人再伤害她。就这样腊腊不吃不喝，悲伤地守在母亲的遗体旁 3 天 3 夜。后来村民报警，民警和救护中心人员赶来，将奄奄一息的腊腊救起，送往西双版纳野生动物救护中心，进行精心养护。

半年后，这起跨国猎杀野生亚洲象案件，经公安机关缜密侦查成功告破，7 名外籍犯罪嫌疑人受到了法律的严惩。而失去母亲的腊腊在人们的关爱下，逐步健康、活泼、壮实起来。

亚洲象腊腊痛失母亲的悲惨命运使人动容，亚洲象与人，同样头顶蓝天，脚踏大地，同样有着喜怒哀乐，同样该享有生命的尊严。

30 多年来，在国外亚洲象总量不断减少的形势下，云南的亚洲象数量从最初的 190 头逐渐发展到了约 300 头。这个热带森林生态系统保护的旗舰物种，在云南的西南边陲得到了繁衍和发展。人们对动物更加宽容，才有了如今的大象旅游，这无疑是人与自然关系的一大进步。

人有自己的国度，象与人生活在同一个地球。人类统治着这颗星球，也改变着星球上的生命存活的方式和准则。我们应该放下猎枪，停止杀戮，因为生物多样性才是践行人类文明的试金石、促进人类发展的催化剂，才是亚洲象以及同亚洲象一样的濒危动物在全世界的任何一个角落畅游海洋、逐鹿平原、翱翔天际的理由！

吉

丽江市玉龙县融媒体中心　叶　鑫

“吉”在纳西语里，是水的意思，是生命的起源。在纳西族的创世神话中，万物是以水为代表的自然化育而来的，人类也是化育的结果。我想，正是因为水的祥瑞，后人才将纳西语中水的发音用汉语“吉”来表示。

七一街 61 号，这是我人生中能清晰记得的第一个地标，我出生的地方，它处于优雅安静的世界文化遗产——丽江大研古城。孩童时，我最喜欢家门口潺潺的流水，它像古城的血脉，经过每家每户，陪伴着世世代代的丽江人。

丽江古城纳西族人的一天，是从一担水开始的，每天清晨，母亲用一根木质的扁担，两头挂着银白色的铝桶，从家附近的井里挑回两桶清泉水。每户人家都这样，即便那时已经通了自来水，可挑井水就像一种仪式，每天唤醒沉睡中的古城。

四方街是每天去学校的必经之路，那时的四方街还是古城居民的集市，早晨去上学时，穿着披星戴月传统服饰的阿妈们已经将新鲜的蔬菜担到这里卖，这里的白天十分热闹，也因如此，傍晚时集市会显得有些狼狈，路面上会有赶集人留下的泥土、脚印、蔬菜烂叶……这时，和叔叔就会将进水口的水闸打开，他告诉我们，从他爷爷的爷爷那时起，放水冲街就成为古城人的传统了。一瞬间，河水漫过河道，流向四方街。附近的居民纷纷拿着扫把清理集市，每块石板又恢复了清晨的明净。而这时的集市，也成为我们放学后的欢乐场，我喜欢我踩踏水洼时溅出的水花和啪嗒啪嗒的声音，就像水的生命在舞蹈，在欢庆。洗涤了集市的水流会沿着河道往下游走，沿河的居民也会趁机将自家门前的街道清扫干净，最终，水流会流向田野，灌溉农田，滋润作物。

快回到家时会经过一个“三眼井”，每天放学，邻居奶奶都会在第二个水池边洗菜，我们则在第一个水池里捧出一捧清甜的泉水一饮而尽。“三眼井”是古城里随处可见的社区设施，依照地势修建的三个连通的水池，很小的时候外婆就告诉我：第一池水为泉水源头，清冽甘甜，是饮用水；第二池水用于洗菜等污染较小的清洗；第三池水则清洗衣服等污染较大的物品；第三池水通过旁边的排水沟流出，人们在排水沟中涮洗拖把。这样循环的用水方式，与当今提倡的节水行动不谋而合，而“三眼井”及其用水方式在纳西族人中已持续数百年，足见纳西族人独特的用水智慧。

人在街上走，常与流水相伴；人在睡梦中，静聆水声清韵。这就是我古城生活的真实写照。在古城的街道上，洁净的街道和着天赐的清新空气和鳞次栉比的瓦屋，四周苍翠的青山环抱着这个让人着迷的古镇，纳西人能在这南国创造如此辉煌的文明，是因为我们对生活的理解就是顺应自然。在纳西文明中有记载："人与自然是同父异母的兄弟，他们共同掌管着宇宙间的一切。"所以从经过门前的涓涓溪流开始，我们就把对自然的敬畏融化到每一滴水中，让它们奔向"三江并流"核心腹地——老君山，让它们奔向高原湿地自然保护区——拉市海；让它们奔向神奇美丽的高原湖泊——泸沽湖；让它们奔向中国第一大河长江上游——金沙江；这使丽江成为欧亚大陆生物物种南来北往的主要通道和避难所，也是欧亚大陆生物群落最富集的地区，长江上游的生态屏障。

天上有鸟，林中有兽，水里有鱼……这承载着人与自然和谐相处的水流，正奔向祖国的辽阔疆土，集结 56 个民族对自然的崇敬与珍惜，浸润整个蓝色星球。

守护我们共同的地球家园

德宏师范高等专科学校　［缅甸］江妮妮

“地球是我们的家，少不了你我它。”

朋友们，2021 年，如果要选一个地球生物“跨界明星”，你们会选什么呢？是北迁的亚洲象，还是南飞的候鸟？

我想这个“跨界明星”应该非新冠病毒莫属。你说，这小小的微生物，不知是“何方神圣”，竟然从低等动物世界跨界到人类的世界，在短时间内，行访各国，周游世界，新闻头条天天上，所到之处，人们如临大敌，停课、停工、停产，口罩疫苗争着抢。

更可怕的是至今它已侵害了上亿人的健康，夺去了几百万人的生命，一时间它成了恐怖生物、灾难之星。

于是问题来了！人们不禁要问：生物多样性缺失与新冠病

毒哪个更可怕?

有人比喻说：如果新冠病毒让地球患上的是肺炎，那么生物多样性缺失让地球患上的就是肺癌晚期，毫无疑问后者更加可怕!

而我想说的是，新冠肺炎在全球爆发，本身就是生物多样性的缺失。有研究表明，新冠病毒是与野生动物共同进化、长期共存的微生物，它和人类本来隔有一道自然生态系统的安全屏障，是人类砍伐森林、猎食野生动物，而打破了这个生态系统的平衡，是人类自己打开了潘多拉盒，而放出了这个祸害世界的恶魔。

因此，保护生物多样性，不仅要保护基因、保护物种，还要保护生态系统的平衡。

而说到破坏生态，很多事就发生在我们的身边。在我的家乡缅甸，我曾经亲眼看到过有人非法捕鱼（电鱼、毒鱼），小河里漂满了大小鱼儿的场景；也曾经闻到过有人刀耕火种、砍林烧山，一片焦土的味道。想想这些做法不知灭绝了多少未知的物种，也不知破坏了多少物种的生态环境。

多年后，家乡原来清澈的小河已变浑浊，那翠绿的山林已被剃光了头，水土流失，山体滑坡，雨季河水泛滥，洪水淹进小城。人们抱怨天灾，祈祷神灵保佑，却不反省我们曾经做了些什么。

这件事，深深地触动了我，我觉得应该做点什么，于是我加入了环保志愿者队伍，向环保组织捐了款。我爱我的祖国!我希望家乡的小河再次清澈，希望家乡的山林更加翠绿。我希望家乡鸟语花香，希望家乡碧水蓝天再映青山。

2020 年这一场突然爆发的新冠疫情，改变了很多人，也彻底改变了我，让我意识到人类在灾难来临之时，谁都不能独善其身，无论是什么民族、是什么国家，你我都是地球人，我们同生存，我们共命运。

今天，我站在这里，只想证明一点，这就是在中国，我学到的不仅仅是汉语，更多的是文化、更好的是理念。

“绿水青山就是金山银山”

“我们不能图一时之利，而乱砍滥伐，非法捕杀。”

“我们不能图一时之乐，而乱扔乱排，破坏生态。”

“我们要保护自然生态链，砍断非法利益链。”

地球是你我共同的家园，让我们一起保护生物多样性，让我们一起守护地球家园！

只有“人与自然和谐共生，人与人和平共处”，才是我们，最美好的地球家园。

我要做一个义务宣传员，我要为地球的每一个生物代言。

与蝴蝶“约会”的温老师

云南省国防工会锐达公司　何宏波

有一位每天都与蝴蝶“约会”的人，他就是我的师傅温绍奎。他自幼喜欢蝴蝶，上中学时，在生物老师的指导下，他学会了采集蝴蝶制作标本，从此踏上了三十年的“追蝶之路”。

三十年来，除了工作，他几乎把所有的时间都用在蝴蝶身上，每到节假日，他就带上工具，行走在滇东大地之上，跋涉在高山峡谷之间，足迹踏遍了云南的山山水水。他曾经遇到生成概率只有十万分之一的阴阳蝶、多次经历蝴蝶大规模汇聚奇观、拍摄到有趣的京剧脸谱昆虫……

多年来，他记录了云南的 1300 多种蛾类，饲养了 100 多种蝴蝶幼虫，见证了蝴蝶破茧而出、由“丑小鸭”变“白天鹅”的艰辛与惊喜，获取了大量珍贵的科研资料。

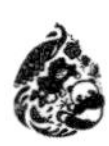

2019 年 11 月 6 日，他在陆良县芳华镇发现一种从未见过的飞蛾，立刻被迷住了，急忙追赶上去，突然脚下一滑，掉下悬崖，身体被岩石和树枝挂得鲜血淋漓，但他不顾伤痛，仍然冒着生命危险继续寻找，终于再次找到了那只飞蛾。后来经中外专家联合鉴定，那只飞蛾被确认为新物种，并根据国际公约以他的名字命名为“温氏金苔蛾”。那一刻，他激动得泪流满面，觉得所有的付出都值了。

为了深入研究“蝴蝶效应”，我的师傅来到了世界最大的自然蝴蝶谷——云南金平蝴蝶谷。这里森林密布、山高谷深、瀑布秀美，原始自然的生态环境和植物的多样性，为蝴蝶的繁衍提供了得天独厚的自然条件。当上亿只蝴蝶在小桥流水人家的峡谷内与当地人和谐共生，人们日出而作、日落而息、翩翩起舞时，师傅豁然开朗，这不就是世间最美的“蝴蝶效应”吗？

蝴蝶的生命周期很短，一般只有一周到一个月。但短暂的生命，却描绘出大自然最美丽的风景线。所以，古今中外都把蝴蝶视为美丽、幸福和爱情的象征，留下了许多脍炙人口的文学、音乐作品。

为了把蝴蝶短暂的生命羽化为永恒的美丽，制作蝴蝶标本、创作蝶艺画，成为一项特殊的艺术创造工程。几经春秋，多少个节假日，当别人在把酒言欢、休闲娱乐时，师傅独自一人，沉醉在蝶艺创作的世界里。在建党百年之际，为了庆祝党的生日，他花了一年多的时间，用近千片蝶翅创作了毛主席的长征诗词：红军不怕远征难，万水千山只等闲……这可能是全世界唯一的一幅蝶艺书法作品，它饱含着对党、对革命先辈的无限深情，展现出了我们中华民族自强不息的民族魂。

在他的精巧构思中，一幅幅巧夺天工、精美绝伦的蝴蝶作品，扇动着美丽的翅膀，飞向一个又一个蝴蝶馆。自 1999 年起，在党和政府的支持下，宣威市、珠江源景区、锐达公司、曲靖市科技馆、陆良县，共 6 家蝴蝶馆先后成立，这些馆内收藏了他多年积累的 1600 多种蝴蝶标本和几十幅蝶艺画，成为开展科普教育、参观学习、文化交流的绝佳场所，每年吸引游客多达几十万人次。

如今我和师傅经常感慨：随着人类工业文明的持续发展，许多动植物赖以生存的自然环境变成水泥建筑，我们儿时与蝴蝶嬉戏的草地花丛也越来越少。因此我们要借 COP15 国际生物多样性会议在昆明召开的良机，深化生态文明和树立地球生命共同体理念，为了全人类的可持续发展，保护绿水青山和生物多样性。愿我们人类与蝴蝶和谐共生，像温老师那样经常与蝶约会、与蝶共舞！

中国象棋

云南艺术学院文华学院　赵冠任

会下中国象棋的人都知道，马走斜日、象飞田。但这次象犯规了，出轨了。前段时间网上的一则消息和电视上连续不断的直播轰动了全球，引起了世界各国政府和民众的广泛关注，也让本在世界上还不太出名的云南名噪一时。这归功于西双版纳离家出走的 15 头野生大象。它们集体北迁，是旅游还是迁徙？它们虽然没有明示，但我们暂认定为迁徙。视频中我们看到了可爱的大象、小象不但穿行在山水、林地、田间，而且还走街串巷我行我素。但是这一举动恰恰并没有被人们反感，反而一路上还得到了云南人民的精心呵护。不光是我们国内的网民，就连日本和俄罗斯的网友及全民都在观象，称横冲直撞的中国野生象为“突破之星”。连续地以视频报道，世界各地的网友热情发声、点赞、留言，都大加赞赏，对迁徙中大象和人的和谐相处，对我国的绿色保护措施给予了很高评价。通过野象迁徙这件事儿，证明了大象赢了，云南赢了，中国赢了。为什么这么说呢？因为这件事展示了近些年来我国在生物多样性保护方面取得的成绩，也是我国向国际社会交的一份人与自然和谐相处的满意答卷。

我国是生物多样性丰富的国家之一，我们云南省恰恰又是国家生物多样性极为丰富的省份。经过几十年的不懈努力，我们云南省在植物资源和野生动物保护方面取得了显著的成果，得到国家相关部门的认可。特别是昆明的“护飞行动”、“滇池水资源保护”、“西双版纳的自然保护区”建设、“森林公园”“野生动物保护繁殖”以及自然遗产和双遗产申报保护都做出大量的卓有成效的工作。这也为我国履行《生物多样化公约》做出了巨大贡献。“西双版纳野生象的北迁”就是一次中国向国际社会极佳的展示。联合国前秘书长安南曾强调，“生物多样性是人类生命中支柱之一”，是“人类实现可持续发展和联合国千年发展目标的重要保障”。

党的十九大修改通过的新党章就增加了“绿水青山就是金山银山”的意识内容。2018 年 3 月通过的宪法修正案将生态文明建设写入了《宪法》，实现了党的主张、国家意志、人民意愿的高度统一。随着我国在绿色发展生态环境质量的持续改善和生态文明体系的不断完善，我国在全球环境治理方面的贡献日益凸显。同时，我国还深入开展了绿色“一带一路”的建设，成功地申请举办《生物多样性公约》第 15 次缔约方大会。

可以说，我国生态文明建设得到了国际社会的高度认可，展现了一个大国的责任担当。

因此我深信，在党和政府及广大人民群众的共同努力下，我们将切实履行《生物多样性公约》的义务，有力地继续推进绿色的“一带一路”建设，为全球可持续发展提供中国的智慧、中国的方案，做出中国的贡献。最后，预祝 2021 年 10 月在我们云南昆明召开的《生物多样性公约》第 15 次缔约方大会取得圆满成功。祝伟大祖国的绿色“一带一路”建设，正如“中国象棋”，旗开得胜，步步为赢，气象万千!

生命因绿而常青

侨联现代口腔　程　鑫

在演讲之前，我想先和大家分享这样一段歌词："青青高山陡石岩，我身背背篓造林来，不怕太阳晒，不怕风雨打，一颗红心为人民，党的教导我记心怀"。云南东部陆良县的 8 位老人，就是年复一年地唱着这首自创的小曲，无数次的爬上花木山、无数次举起又落下手中的锄头。

花木山本属于高海拔、高寒地区，不仅是"光头山"，而且是"赖石头山"。由于地质影响，在山上栽树，一锄头下去只见火星四射，有时候一把锄头挖三天就坏了。在这之前，从没有人想过，这样的地方竟然还能种出树来。而如今，大树染绿了座座荒凉的山头，"光头山"也穿上了绿装，而这一切奇迹就来自我身后这 8 位普普通通的农民老人，一双双如松树皮

般皴裂的手一次又一次举起铁锨锄头，向寸草难生的石缝里刨下去。这一刨，就是 31 年。31 年后，绿满石山，林涛激荡。他们看到这样的场景，最常念叨的一句话就是："山上要有树，山下要有路，农民才会富。"

他们先后组织承包了陆良县 9 个乡镇 13.6 万亩的荒山造林工程，经林业部门检查验收，造林全部合格。相比 11.8 亿这个数字，13.6 万亩似乎有点微不足道，但是前者是到目前为止，中国人工造林的面积；后者，则是这 31 年来，8 位老人在喀斯特地貌荒山上实现的造林奇迹。他们像守护神一样，守护着花木山的一草一木、一花一叶，守护着那一座座在他们手中开始郁郁葱葱的青山，直到生命的老去。王长取老人说："人死了，树活着就行。"时间可以带走他们的青春和生命，留下的是郁郁葱葱、是满山遍绿、是精神永驻。

我常常在想，一个人究竟可以热爱一个职业，热爱到什么程度才可以为之付出 31 年？热爱种树？可是这怎么热爱啊，每天拿个铁锨一个坑一个坑地挖，一桶水一桶水地浇，为什么啊？如今，我明白了，荒山披绿衣后，生态得到修复，8 位老人用他们的芳华岁月，为一方人民以及生态保护做出贡献。这就是坚持和热爱的意义，这就是实现人与自然和谐相处的意义。

我们所生活的云南生物多样性位居全国之首，这里是"动物王国""植物王国""世界花园"，在这片神奇的土地上，极小的种群得到了有效的保护、濒危动物实现恢复性增长，大量的像"陆良八老"一样的人物涌现出来，人与自然共生的美好画卷正在徐徐展开。

自从习近平主席向世界人民发出 COP15“春城之邀”后，以生物多样性为中心点，云之南的大自然浓情、云之南的灵动生命、云之南的生态智慧，从各个角落发散开来。从自然历史到植被系统、从动物到植物、从物种到系统、从演化到适应、从生物多样性到文化多样性，希望我们能够守好“责任田”，传承“陆良八老”的精神，为保护云南、保护生物多样性贡献自己的一份力量！

蝴蝶纷飞赞云南

云南康旅集团温泉山谷　李美媛

蝴蝶是人类最珍爱的美丽昆虫和会飞的花朵，五彩缤纷、种类繁多。全球约有 2 万多种蝴蝶，中国约有 2100 余种，云南就有 1000 余种。我从小就爱蝴蝶，学生时代看了电影《梁山伯与祝英台》和《五朵金花》后，就更迷恋蝴蝶。我工作的单位云南康旅集团温泉山谷，秉持“让您人生之旅健康幸福”的理念，以“打造健康生活目的地创领者和服务共赢商”为目标，以生态文明建设引领文旅健康融合发展，十分关爱蝴蝶生态文化建设，现在我就带大家到云南三个与蝴蝶有关的旅游胜地观光。

首先，我们到大理喜州蝴蝶泉“观情”：这里地处苍山脚下、洱海之滨，早在 20 世纪 60 年代末，就演绎了阿鹏哥与金花妹三月于蝴蝶泉相识相恋的爱情故事，并拍成电影《五朵金花》而享誉中外。如今，在青山泉水和花草树木中，伴随飞翔的蝴蝶和《大理三月好风光》的歌声，年轻的情侣在蝴蝶泉边海誓山盟，中老年夫妻漫步在林荫道上回味当年的浪漫，小孩和学生们则在蝴蝶馆学习接受科普教育……这是多么温馨动人、和谐美丽的画面！难怪年年岁岁这里都是中外游客来滇西旅游的首选景观。

之后，我们赴滇南红河金平蝴蝶谷“探秘”：这里因在 2021 年 5 月下旬，约 1. 6 亿只各类蝴蝶满天飞舞，形成少有的奇观美景而震撼中外，著名舞蹈演员“孔雀公主”杨丽萍也如约而至，到此与蝴蝶和谐共舞。原来，这里山高林谷深竹子花草多，加之潮湿温热的气候条件，是蝴蝶栖息繁殖的最佳场所，特别是生活在这里的瑶、苗、傣、景颇和汉族人民勤劳淳朴，有关爱蝴蝶和保护生态的传统美德，他们在实践中，经历了把蝴蝶视为害虫到看作儿女并和谐相处的转变，使这里早就成为蝴蝶的伊甸园，并不断发展成为闻名中外的蝴蝶王国，从而吸引着众多爱蝶人、科研者和中外游客来此观光探秘。

最后，我们去滇中腹地昆明世界蝴蝶生态园“小人国”“猎奇”：这里是由四川籍民营企业家陈明敬先生经多地考察、倾其所有，在各级政府和亲朋员工的支持帮助下，经 16 年的精心策划和辛勤耕耘，逐步建成的一个集生态、慈善、扶贫和旅游为一体并名扬中外的景观。其中人工建造的有山水有花草树木的近万平方米的活蝴蝶园，再加上品种多奇的蝴蝶标本馆和精美的蝴蝶工艺品，使之成为目前国内外较大的蝴蝶观赏和科普教育综合基地。特别是从全国征招培训的百余名小矮人组成的“小人国”，更是闻名中外的一大亮点。小矮人们自强自立自信地与蝴蝶、游客们和谐相处，快乐地生活工作，2009 年被联合国和平基金会授予“中国昆明爱心慈善基地”。2011 年秋，《晶晶杯·爱的奉献》全国演讲大赛在此落幕，全国各地演讲选手和“小人国”演员同台表演，受到高度点赞！云南省演讲学会特向“小人国”捐款 8000 元以表爱心。如今，这里已成为中外名人名企等考察之地，也是中外游客来滇首选景观，更主要的，它是蝴蝶与人类和谐共生的天堂乐园。

看到这样和谐共生的情景，我深切地感悟到：蝴蝶是大自然一道美丽诱人的风景线，她与云南各族人民和中外游客已结下深情厚谊。康旅集团作为 COP15 场馆改造维修和会展服务单位，我们一定要乘 COP15 国际生物多样性会议在昆明召开的东风，不断深化生态文明和构建地球生命共同体的理念行动，让云南永保动植物王国的美称，愿云南永远是蝴蝶与人类和谐共生的天堂乐园。为此，我填词一首，并结束我的演讲。

蝶恋花·人蝶共生

蝶恋花草人养护，人歌蝶飞同在天堂舞。
笑问大地何所有？小童捧出生态酒。
中外游客观乐园，绿水青山彩蝶尽收目。
展望时代新征程，共建“生命共同体”！

翠湖之恋

云南省演讲学会　李志勤

今天我要来说一说我的“翠湖之恋”。

在美丽的昆明城中心，有一片绿色的“海”，古称“九龙池”“菜海子”“翠海”“洗马河”等。因有“十亩荷花鱼世界，半城杨柳拂楼台”之联，它被誉为“城中碧玉”，它曾是王公贵族独享的花园，但它早已是昆明人的最爱，那就是翠湖!

我在翠湖之畔出生、长大、成家立业，直至今日，我仍然依偎在翠湖边。小时候我像男孩一样调皮，在湖里游过泳、抓过鱼、摸过贝。长大后的茶余饭后，我常在翠湖边散步，嗅花香、听鸟鸣、观金鱼，享用无比的浪漫与自由。自从北方的红嘴鸥入户昆明，“翠湖观鸥”已成为最热门的景观之一。翠湖自古与昆明人是共存共生的生命共同体，我们一直和谐相处、人鸟共嬉、生生不息、相知相恋。

难忘曾在翠湖边云师大攻读的岁月，我总是爱远看那黄墙黑瓦的陆军讲武堂，先辈们励精图治救国救民，为的就是建设新中国，为人民谋福利。在这里，我理解的生命共同体即为以己之力融入大众，尊重自然，让世界变得更美好！

那年，我告别军营来到云南省演讲学会，可喜的是戈登大厦办公室窗外是最好的翠湖观景台！当我工作闲暇之时，我总是会眺望远处的《义勇军进行曲》作者聂耳的塑像，回想起在军营流过的汗水、灯下著写的文章、前线经历的生死考验、党旗下发出的誓言，心中总会吟唱：前进、前进、进！是翠湖给我力量！

昆明是我国首批被命名为24个“历史文化名城”之一的城市，它除了有悠久深厚的历史和人文传统外，更重要的是它具有得天独厚、美丽丰富的自然环境，以及日益自觉积极地对环境的保护和资源的合理利用。翠湖是诸多历史珍贵遗址之一，它除了有一泓秀水外，还有9个水泉眼，“九泉所出，汇而成池，故名九龙池”。翠湖之水曾经直接连通滇池，历经沧桑之后，也经过暗河最后融于滇池，构建了如今昆明生态最靓丽的美景！

习近平总书记曾说：“生态文明建设同每个人息息相关，每个人都应该做践行者、推动者”。云南复杂多样的山地森林生态系统，具有巨大的调节功能，在储藏水分、调节气候方面起到重要作用；在保护地球生命支持系统、维持生物圈的可持续性和维持生态系统服务功能方面，发挥着不可替代的作用。由于大自然的慷慨赠予及云南人对环境保护的不懈努力，昆明才有幸荣登《生物多样性公约》第 15 次缔约方大会的东道主榜。不久之后，将在这里与世界 196 个缔约方共商全球生物多样性保护大计，这可是集中展现中国在生物多样性保护领域成就、宣示云南人努力争当全国“生态文明建设排头兵”的决心的重要机遇。

昆明翠湖虽然只是云南美丽山水的小小一泓，但我们在这翠湖之滨传递了新时代、新征程、新作为的最强之音。这里，曾举办了多起“红土地之歌演讲大赛”，在海鸥的鸣叫声中听取来自全省及部分外省的国外留学生传递社会的正能量，培育了数千名选手成为社会各行业的精英。昆明市荣获全国“演讲名城”之美誉，这金色牌匾一直滋润着演讲人的心。

还有一件令我难忘的事，就是在翠湖之畔举办了“云南文化大讲堂”，它吸引了更多的市民与观鸥者走进文化讲堂来聆听科学讲座。曾记得有一位叫李凤昆的听者，她每周都拄着拐棍颤颤悠悠走进大讲堂，她说：“这里给我精神食粮，学习是我活下去的希望。”顿时我热泪盈眶，我明白人的生存需要阳光雨露和食物，但同样需要精神力量。人类能理解动物的需求和植物的养分，人类同样要分享生存的精髓和人性的力量，人类与其他生物共存，这就是“生命共同体”。让一切生物能够和谐共存、互帮互爱，共同吸收美丽中国的养分，这就是我的“翠湖之恋”。

故此而言，翠湖连着大海，云南连着世界。

保护优先，规划先行，共存共赢，维护生物多样性，从你、从我做起。扩大生物多样性保护范围，让我们一起同行！

凤凰花开

云南交通职业技术学院　胡　晓

亲爱的朋友们，在云南这块拥有“动植物王国”和“物种基因库”美誉的神奇土地上，有太多美好的故事发生。今天，我想跟大家说一说我的家乡，永胜程海湖的故事。

我的家乡在丽江市永胜县，这里坐落着一个静谧而美丽的天然淡水高原湖泊程海湖，它是上天赐给丽江的一份珍贵的礼物。世界上有 3 万多个湖泊，却只有 3 个碱水湖能生长天然螺旋藻，而另外两个湖泊却早已干涸，不复存在。程海湖鱼类资源十分丰富，共有鱼类 29 种，其中土著鱼类 16 种。湖里生长着 126 种藻类植物，丰富的植物资源吸引了众多的水鸟来此栖息、繁衍。这里既有擅长游泳的绿头鸭、赤麻鸭，也有善于岸边行走的苍鹭、白鹭，其中还包括国家Ⅱ级重点保护动物灰燕鸲。长期以来，程海湿地在维护生物多样性和珍稀物种资源方面起到了重要的作用。

然而，近年来，人们在程海湖边建起工厂，污水直接流进我们的母亲湖。对大自然缺乏尊重和敬畏，带来的后果就是：程海湖的水位逐年下降，水质变差，以前很常见的一些水生植物消失了，而由于捕捞工具的改变、捕捞强度加大，程海土著鱼数量急剧下降，候鸟也不见了踪影。人们的破坏已经严重威胁到程海的生物多样性。

如今家乡树立“绿水青山就是金山银山”的发展理念，致力于生物多样性保护，政府引进了坝箐河程海补水工程，使程海的水位不再下降；加大对候鸟及水生植物保护力度，人工造林 6275 亩。而从自身做起，助力生物多样性的故事也发生在身边的家乡人身上。

有这样一个人，他 20 年如一日，扎根程海湖边，只为实现自己一个关于程海土著鱼的梦想。他用 20 年的坚持和心血创建了程海土著鱼繁殖基地，他成功驯养繁殖了程海白鱼、程海红鲌等数十种珍贵品种。2018 年，他终于迎来了圆梦时刻，由他驯养繁殖的数十万土著鱼苗被放入程海，看着一尾尾活蹦乱跳的鱼苗回归，他兴奋得彻夜难眠。正是因为他 20 年的坚守，让家乡人民看到了土著鱼的希望，也看到了保护程海的希望。他始终是保护程海生物多样性的践行者，他就是永胜县政协委员苏学敏。

同年，为了完成一级保护区植物隔离带建设，家乡开展了义务植树活动，我有幸和父亲一起成为了志愿者，见证了这个

过程。当时我问父亲我们要种多少棵树啊，他说是 1960 棵树苗，其中有中山杉、小叶榕和凤凰树。

如今三年过去了，凤凰花早已开满了程海湖沿岸，火红的花簇就像一团团火凤凰的羽毛，把程海湖边染成了喜庆的红色，土著鱼和森林也悄然回归。经过近年来的治理，程海湖生态环境越来越好，吸引了包括海鸥、野鸭、白鹭等很多野生鸟类的到来，甚至还有黑颈鹤。粼粼波光映着湛蓝的天空，湖面上，一群群赤麻鸭正在嬉戏、觅食。一到冬季，迁徙来的几千只野生鸟类，成为程海湖一道亮丽的风景。

家乡人民努力奋斗，迎来了程海湖的凤凰花开，每年 5 月，火红的凤凰花就像火炬一样，点亮家乡的绿色之路、生态之路、发展之路。守护我们共同的家园，需要你我参与，让我们携起手来，一起为生物多样性助力，迎来更灿烂的凤凰花开！

别让地球“静”下来

西南林业大学　吴妍诺

“枪响之后没有赢家”，唯有以同等的敬畏来尊敬其他生命，以同等的善意来对待其他生命，人与自然的和谐相处，方能长远。从自古便有“两只黄鹂鸣翠柳”“金络青骢白玉鞍”“桃花流水鳜鱼肥”的绝美诗句，我们每一个人都清楚认识到——地球需要鸟鸣、兽吼，更需要鲤鱼戏水，自然界无论少了哪一部分都会失去平衡。而一旦地球静下来，那人类也会在寂静中消失。

我曾听过这世上最悲伤的哀吼。那天，我偶然看到荧屏中播放的画面——一群日本渔夫把一只只鲸鱼开膛破肚，随着镜头的拉近，我看见其中一只鲸鱼绝望地望着大海，长啸一声，永远闭上了双眼，昔日大海的精灵此刻只能无力地呻吟，几个

小时后，哀鸣声逐渐减弱，海岸边只能听见渔夫的磨刀声和狡黠的笑声。他们，最终还是向这片蓝色又神圣的大海泼进了殷红的鲜血。在过去 30 年中，日本人捕杀鲸鱼的数量多达 40 万头，日本在 20 年间，已经把好几种鲸鱼吃灭绝了，甚至美其名曰“捕鲸文化”。

在航海技术不发达的年代，这群大海的精灵充当着人类的向导，帮助行驶中的船只避开暗礁，但它们定不会想到最终会落得如此结局。我们利用动物的善良去剥夺它们生存的权利，万物皆有灵，终有一日，它们也将让人类血债血偿。2019 年 3 月 9 日，一只鲸鱼对日本海面上游弋的游船发起了撞击，船尾当场被撞穿，造成船上数十名游客受伤，这是鲸鱼无声的反击。

百花齐放才构成明艳的春天，万物自由生长才构成多彩的世界。

在我的家乡海南，十八年间发生了翻天覆地的变化，臭气熏天的河流变得清澈，濒危的野生动物繁衍生息，我看着家乡逐渐变好，看着国际旅游岛的名号响彻世界，心中充满无限感慨。当我来到云南上大学，我更为云南的转变感到震撼，小时候印象中光秃的山丘，早已披上了绿衣，滇池也摘掉了“劣 5 类”的帽子。西南林业大学作为西南地区唯一设立林科的高等院校，培养出一批又一批优秀的林科工作者，正如我们校歌中所唱的那样：“我们要把绿色染遍祖国的山岗。”每一名西林学子，在走出校门时，都在用自己的力量为祖国增添春光。而近期即将举办的 COP15 大会之所以选址昆明，也正是因为云南有丰富多样的生态资源。我想，这一切都离不开国家的大力支持和各地的积极响应，这才使得全国各省的环境得到显著改善，西北的沙暴少了，东北的森林多了，人民的生活更好了。

正如习近平总书记所说：“自然是生命之母，人与自然是生命共同体，人类必须敬畏自然、尊重自然、顺应自然、保护自然。”这个世界，需要两岸猿声，需要东海鲸波，需要鹰啸长空。当世界变得安静，当人类变得孤独，我们就会在孤寂中灭亡。在 COP15 大会举办之际，只有我们更深入地感悟生命的真谛，感恩生命、珍惜生命、善待生命，才能真正领悟此次大会所举办的重要意义。

大象的故事

云南省生态环境厅　陈　晨

要说云南最近谁最有名，那莫过于跋山涉水，从西双版纳一路北迁的野生亚洲象。在世界各国的报道中，都在探讨亚洲象为什么要北迁，而作为亚洲象的老乡——云南人，我更想分享的是，亚洲象为什么能北迁。

也许大家觉得这个问题很简单，因为中国没有对大象围追堵截，而是调动了各方力量，静静地跟随和保护着它们，但原因仅仅如此吗？我觉得不是，起码还有 3 点重要原因。

*原因之一就是环境友好。*我国亚洲象的数量从 20 世纪 80 年代的 170 余头发展至目前超过 300 头，这数字背后隐藏着的，是我国在野生动物保护方面做出的不懈努力。

象牙交易一直是大象被残忍猎杀的重要原因，因此中国出台了一系列法律法规，禁止了国内商业性象牙贸易，为大象的生命安全提供了法律保障。除此之外，我国还很重视亚洲象栖息地的保护，比如云南西双版纳国家级自然保护区早在 1958 年就建成了，1980 年又重新调整并扩大了范围，在保护区的核心区，连人类都不准踏足！无论是家里，还是外面，无论是自然环境，还是社会环境都很友好，这就是大象走出家门的底气。

原因之二是大象们“经验丰富”。大家都知道野生动物在人类面前都很小心谨慎，亚洲象这次从版纳到昆明，又从小村镇到大城市，它们难道不怕人吗？大象和人类一样，有时候也会嘴馋，在农作物成熟之际，它们会跑出森林，去偷吃营养丰富的水稻、玉米等人类口粮。所以云南历来都有大象出没的情况发生，政府就积极为野生动物肇事购买了保险，主动替大象的破坏“埋单”。有人撑腰，大象自然有恃无恐，因为它们知道，在人类居住区白吃白喝的经验，没有谁比它们更丰富了。

原因三是或许它们想代言。云南是 2021 年生物多样性大会的召开地，之所以选择这里，是因为云南省生物资源丰富，全省的森林覆盖率已经达到 65%。可以说，云南省就是一个超大型自然保护区，在这样舒适的地方徒步，大象当然乐不思蜀了。当然，大象们走了那么远的路，也许就是想在大会上成为形象代言人，告诉世界，要像中国对待它们一样，保护地球上的所有生物，让人与自然和谐共生！

绿水青山　鸥来象往

昆明广播电视台　刘　旭

蓝天白云、繁星闪烁、水清岸绿、鱼翔浅底……

我们无论用多么美妙的辞藻，也难以描绘属于大自然的生态和谐之美。青山绿水、良田沃土，既是上天馈赠的宝贵财富，更是人类赖以生存的安身立命之本。

中国是世界上生物多样性最为丰富的国家之一，物种数量多，特有种比例高。而云南因其独特的地理位置、复杂的自然环境、高度密集的景观类型，从热带谷地到高山寒带完整的生态系统，保存了许多珍稀、特有、古老的类群，是公认的生物多样性重要类群分布最为集中，且具有全球意义的关键区。

“动物王国”“植物王国”，云南之所以能够一直保有此美誉和桂冠，除了丰富、优越的自然条件，也离不开生活在这片沃土上的每一个人。作为我国生物多样性保护实践最有成效的地区之一，“人与自然和谐共生”的理念，早已渗透到了彩云之南的每个人的血液之中。

在中国，不是每一个地方都能够看到成千上万只红嘴鸥蹁跹于城市上空的盛况；也没有一个城市能够连续 30 多年，每到冬季都吸引着远道而来的红嘴鸥如约而至，上演延绵不绝的人鸥情缘。1985 年的冬天，成群结队的红嘴鸥停留滇池，并沿着蜿蜒的河流首次飞进了城市中心区。精灵一般的红嘴鸥自此走进了昆明人的视线，被视为上宾。每到冬季，人们便会自发来到红嘴鸥的聚集地，观鸥、赞鸥、喂鸥、护鸥，形成了人鸥和谐共处，鸥戏春城的别样景致。

2014 年，在红嘴鸥来昆越冬 30 周年之际，一场关于揭开红嘴鸥迁徙谜团的大型公益探秘行动拉开了序幕。在长达一年的时间里，34 只携带卫星定位装置的红嘴鸥分 3 批放飞，成功反馈回 32000 多条数据。这些数据清晰地描绘出了红嘴鸥在昆明的生活习性、活动路线和栖息地，准确地记录了红嘴鸥的迁徙轨迹和繁殖信息，为科研工作提供了大量有价值的资料，也终于揭开了一直困扰在昆明人心中的谜团。

还记得在整个探秘活动过程中，我的同事们兵分多路、全程跟进，跨越中、蒙、俄三国，行程上万公里。沿途不断追踪红嘴鸥的迁徙路线，寻访蒙、俄当地居民及鸟类专家，最终拍摄到了红嘴鸥落脚于蒙古吉尔吉斯湖、乌布苏湖、俄罗斯贝加尔湖栖息繁殖的情况。他们与中科院昆明动物研究所的专家一起，不仅深入到条件恶劣的无人区，真实记录了科考过程，同

时还收集到了30年前红嘴鸥第一次莅临昆明时的珍贵历史资料，揭示了红嘴鸥与昆明这座城市结下不解情缘的秘密。在世人面前展现了昆明“春天之城、海鸥之乡，人鸥情缘、涌动春城”的独特魅力。

“海鸥去哪儿”引发的关注，仅仅只是一个缩影。自1992年签署《生物多样性公约》以来，我国就一直高度重视生物多样性保护工作。良好的生态环境也成了全面建成小康社会的重要体现，优异的“绿色答卷”赢得了国际社会的广泛赞誉。

2020年9月30日，习近平总书记在联合国生物多样性峰会上向世界发出“春城之邀”，欢迎大家聚首春城昆明，共商全球生物多样性保护大计，共建万物和谐的美丽世界。在这次大会上，将绘制未来10年，甚至更长时间的生物多样性保护蓝图。而就在大会召开前夕，一个原本栖息在西双版纳州的野生亚洲象群再次吸引了来自全球的目光。

从3月份开始，“短鼻家族”走出丛林，一路北上迁徙数百公里，跨越了半个云南，一度进入到昆明的周边区域。一时间，“全民追象”的热潮席卷全球。世人在为这群大象所表现出的憨态可掬、团结互助所倾倒的同时，也由此感知到了一个可爱可信、生动立体的中国。

实现人与自然的和谐相处，不仅是中国建设生态文明的核心，也是世界各国的愿景。人不负绿水青山，绿水青山定不负人。而你我需要做的，就是从我做起，从现在做起，从身边的小事做起，播撒生态文明的种子，点亮生态文明的水滴，让绿水青山间，永远都有鸥来象往。

我眼中的中国生态保护

大理大学 ［柬埔寨］孟塔娜

提到生态文明建设，我想让大家先了解一下，什么是生物多样性？生物多样性是地球上所有生命的基础，是全人类的共同财富。生物多样性的丧失会严重影响着人类的生活，威胁着人类的健康，如何保护生物多样性已成为全人类面临的共同挑战。

190 多个国家签署了联合国《生物多样性公约》，以保护和可持续利用生物多样性为共同目标。中国是在 1992 年 6 月 11 日签署了《生物多样性公约》的首批缔约方之一。2021 年，中国被选为第 15 届《生物多样性公约》缔约方大会的东道国。在这次会议上，将讨论以前的《生物多样性公约》战略计划的成就，并确定下一个十年的发展战略。下面我给大家介绍一下中国为保护全球生物多样性做出积极的贡献。

我曾亲自参观过四川省汶川县的卧龙国家级自然保护区。那里的工作人员照顾大熊猫的样子，就好像在医院的儿科诊室里照顾孩子一样，小心翼翼，充满怜爱。看到大熊猫在该保护区的饲养方式真是让人惊奇，使人印象深刻。现在我相信中国正在建立一个人与自然和谐相处的生活社区，世界其他地方也可以在中国的建设中学到东西。

接下来，我想给大家介绍一下大理苍山，因为我本人在这个地方生活已经 5 年了。我释放压力时，经常去苍山旅游。

苍山是一个巨大的植物王国，也是世界高山植物区系最多的地区。苍山的物种多达 6000 余种，其中国家重点保护植物有 26 种，同时还有数百种植物模式标本的产地。山傍着水，水靠着山，清澈的泉水，从泉眼倾泻而下，带给我一种壮观而又清凉的感觉。在这滔滔江水之上，翠绿青藤身旁，有风儿在鸣叫，树叶在舞蹈，和家人、朋友一起走过这水远山长，真是多么美好的回忆。

2021 年 7 月 20 日我参加了中国—东盟青年营活动的时候，我也参观了昆明国际花卉拍卖交易中心，它是亚洲最大的花卉市场，拥有 1500 余个品种。我到斗南花市时，一进斗南，我们可以看到在大路两边儿摆满了各种各样的花，比如蝴蝶兰、茉莉花、吊兰、米兰、冬青等，让人眼花缭乱。

我觉得斗南花市的存在和发展直接或间接带动了云南省的农户走向致富的道路，也对加快社会主义新农村的建设步伐起到了积极推动的作用。

我很高兴能够在这样的国家留学，让我打开了眼界，爱上了中国。

高黎贡山守鸟人

泸水市融媒体中心　刘薇薇

高黎贡山是一道横亘在我国西南边陲的雄峻山岭，高黎贡山国家级自然保护区内，动植物资源十分丰富，其中，就有被誉为“高黎贡山三宝”之一的国家一级保护动物白尾梢虹雉。白尾梢虹雉历来因种群数量稀少、生存条件要求高而很少被研究和保护机构监测和拍摄到。

如今，一名科研工作者经过近 8 年的蹲守，克服种种困难，成功拍到这一珍稀物种的多层面影像画面，为研究和保护白尾梢虹雉提供了第一手宝贵的资料。他就是高黎贡山国家级自然保护区泸水管护分局科普宣教股股长王斌。

2021 年 49 岁的王斌在当地已是一名资深的白尾梢虹雉研究人员，从 2014 年初云南省怒江傈僳族自治州泸水市开展研究该鸟类的监测工作以来，他便全力参与其中，至今已坚守了近8年。为了监测好白尾梢虹雉，他蹲雪地、爬悬崖。在一次次追踪拍摄过程中，王斌收集了充足的第一手研究资料，并且与白尾梢虹雉成了“朋友”。

因为白尾梢虹雉栖息地海拔高，有些地段积雪达20多米，从营地到巢址的路大多为陡坡和悬崖，去蹲守的路显得异常艰难。为了观测和记录这种留鸟，他们从观测营地出发，还要徒步两天才到监测样地。“营地海拔3700米。”王斌说：“高黎贡山水量充沛，下雪的时候，雪把竹子全部压倒，路非常滑，有时候上去一步就会滑下来三四步，稍远的巢址还要过悬崖，两个多小时才能到达。”

为了掌握这些“雪山精灵”的繁殖情况，2015年4月，王斌和另一位研究者高歌在雪山上待了30多天，完整地记录了白尾梢虹雉从孵蛋到雏鸟出壳、离巢的过程。在这段时间里，白尾梢虹雉与他们从陌生到熟悉，拍摄过程也越来越顺利。到最后几天，王斌用手机就能拍到。“距离3至5米它们都不怕。”王斌说：“刚开始时离三四十米远它们就飞走了，后来它们不怕我了，我们之间建立起了一种情感。”

近年来，泸水市不断加强白尾梢虹雉栖息地的保护，加强对周边群众的宣传教育，使这个物种家喻户晓，种群数量保持在20只左右。王斌说，作为一名保护研究工作者，他希望和白尾梢虹雉做“一生的朋友”，未来希望能找到更多愿意做这件事情的人，这样才能让高黎贡山这个家园越来越美好。

播种未来

昆明广播电视台　于紫微

每一粒种子，都有它神奇的生命状态。有的会变身为一株美丽的鲜花，有的会成长为一棵参天大树。正是这些小小种子，为我们的世界带来了色彩和生机。但是根据科学家们公布的数据，全球百分之二十一的植物物种徘徊在濒危边缘。

位于昆明北郊的中科院昆明植物研究所是中国西南野生生物种质资源库，是中国第一座国家级野生生物种质资源库，也是目前亚洲最大、世界第二大的野生植物种质库，它的使命就是收集和保存野生植物的种质。如果哪一天某个植物在地球上灭绝了，只要种质资源库里有它的种子，我们就能挽留住它离开的脚步，为地球这颗美丽的星球保存一份深远的希望。

2018 年 10 月 25 日，我和几位同事到中国西南野生生物种质资源库，拍摄制作《昆明传奇》，近距离接触到了平常不为人知的种子库、DNA库，以及上万种濒危的、特有的种子。其中一部分，就是钟扬教授生前在青藏高原亲手采集的。那一刻，让人百感交集，也让我更加由衷地敬佩钟扬教授。

1964年5月，钟扬出生于湖南邵阳，15岁时从湖北黄冈中学考入中科大少年班。1984年，钟扬进入中科院武汉植物所工作，开始从事植物学研究。天资聪颖的他，很快成为当时国内植物学界的青年领军人物，33岁就担任了武汉植物所副所长。然而在2000年，钟扬却放弃职级待遇，应邀到复旦大学当了一名普通教授。到复旦大学的第二年，他就开始主动到西藏采集种子，并从2009年起连续成为第六批、第七批、第八批中组部援藏干部。

在十多年的时间里，钟扬教授的足迹遍布西藏最偏远、最艰苦的地区，他和自己的团队收集了数千万颗植物种子，同时为西部少数民族地区的人才培养、学科建设和科学研究做出了重要贡献，直到生命最后一刻。2017年9月25日，钟扬在赴内蒙古为民族干部授课途中遭遇车祸，不幸逝世，年仅53岁，被追授时代楷模、全国优秀共产党员等荣誉称号。

在纪录片《播种未来》中，钟扬说："任何生命都有其结束的一天，但我毫不畏惧，因为我的学生会将科学探索之路延续，而我们采集的种子，也许会在几百年后的某一天生根发芽，到那时不知会完成多少人的梦想。"如今，钟扬教授采集的植物种子依然沉睡在地下六米、零下二十度的冷库中，成为可以跨越百年甚至千年的时间胶囊。这位毕生追寻梦想的科学战士、植物学家、援藏干部、教育专家……在生命的高度和广度上，用有限的生命，探索出了无限的可能。虽然他永远停下了冲锋的脚步，但他留下的种子和梦想，依然会在更多的地方生根发芽，播种希望，播种未来。它们会在未来的某一天，用蓬勃的生命告诉人们，曾有这样一位大学教授，用短暂而壮丽的一生，谱写了这首传唱千古的生命之歌。

守护滇西高原之湖

大理州剑川山师华清民族中学　李　涛

2020年夏季，彩鹮在剑湖湿地自然繁殖并成功孵化了3只幼鸟。这是云南省内的首次记录，为科学研究彩鹮生殖习性等提供了翔实的影像资料。据专家介绍，因为栖息地的减少和环境污染问题，彩鹮在国内一度被认为已经绝迹。新闻一经中央电视台播出，剑湖即刻引起广大网友和专家学者的高度关注。

剑湖在哪里？她就在云南省大理州剑川县境内，是云南省内湖滨缓冲带最为完整的一个高原断陷型湖泊，云南省湿地自然保护区、风景名胜区和28个淡水湖泊之一。看过电视剧《天龙八部》的朋友都有这么一个印象：男主角段誉掉下山崖，无意中走入一个“剑湖宫”，抬头只见“月亮正圆，清光在湖面上便如镀了一层白银一般”，第二天傍晚只见“日已偏西，湖上幻化出一条长虹，艳丽无比”。其实写小说时作者金庸先生并未到过剑湖，但他于 1998 年 4 月应邀到剑川游览剑湖时不禁感叹竟与想象的相差无几。

剑湖地处滇西北横断山脉中南段，位于我国西部候鸟迁徙的通道上，既是候鸟迁徙过境时的集结点和停歇地，又是迁徙水禽的越冬栖息地。不仅如此，剑湖湿地是一个物种丰富度较高，生活环境优美，生物多样性较明显的高原淡水湖泊。据 2017—2018 年保护区科学考察结果显示，剑湖湿地省级自然保护区有鸟类 149 种、鱼类 22 种、两栖动物 13 种、爬行类动物 16 种、维管束植物 456 种。2015 年西南林业大学生物多样性保护学院组织开展了连续 5 年的剑湖鸟类资源调查，记录有鸟类 250 多种。在众多的物种多样性中，有许多是云南高原湿地或当地的特有种。如单子叶植物水鳖科的海菜花为云南高原湖泊所特有；光唇裂腹鱼、云南裂腹鱼、后背鲈鲤和剑湖高原鳅 4 种为云南特有；剑湖高原鳅是 20 世纪 80 年代就发现的新物种，为剑湖特有。

在剑川，剑湖还是白族儿女世代生息的乐土，她被称之为“海”，是剑川人民的“母亲湖”。四周白族村落与田园风光相互交织，居民世代与水鸟为伴，绘就了人与自然美美与共的生态和谐乐章。保护好剑湖、剑湖周围的森林植被以及周边湿地、水域，为候鸟提供一个安全有保障、自然环境优越、食源丰富的理想停歇地和顺利越冬的栖息环境，对云南鸟类多样性保护起到十分重要的作用。近年来，当地加强与北京林业大学、西南林业大学、云南省野生动物保护协会、大理观鸟协会等的合作交流，与中科院昆明动物研究所、国家高原湿地中心签订战略合作协议，不断提升保护区科学监测水平。先后实施了“三取缔”“三严禁”“三清洁”工作，开展了入湖河流综合治理、环湖截污治污、湖滨缓冲带保护与恢复等一系列治理专项行动，剑湖呈现出河畅、水清、岸绿、景美的生态画卷。

春天，900 亩高大笔直的杨树林在湖滨吐露春色；夏日，600 亩海菜花在水面凌波起舞；秋季，成片的菱角结成果实，紫水鸡宝宝在茭草、芦苇丛中孵化出壳，和父母亲戚一起汇聚成目前国内最大的紫水鸡种群；冬季，黑鹳、白尾海雕、铜翅水雉、灰鹤、彩鹮、贼鸥、白琵鹭、钳嘴鹳等 3 万多只候鸟在这里集会、交友、嬉戏、欢歌。省内外观鸟人员纷至沓来，欣赏候鸟在湖中演绎交响乐的同时，观赏空中白尾海雕、靴隼雕、黑鸢、苍鹰等猛禽展示空中霸主的风姿。

“生态剑湖、和谐家园”正逐步成为我们美好家园的靓丽名片。

普者黑湿地：实至名归的生物乐园

文山州丘北县融媒体中心　段　誉

多年前，著名作家蒋子龙先生曾经到云南省丘北县普者黑采风，之后撰写散文《普者黑》发表在《人民日报》上，文章中有这样一句话：“想捧水洗脸都不忍弄脏的湖水”，蒋先生笔下生动地描写出普者黑湿地湖泊良好的生态环境。好水往往会孕育出多样的生物，就在前不久的一个夏日，丘北普者黑国家湿地公园万亩荷塘里出现了一株珍稀罕见的双色并蒂莲，这条消息发出后迅速燃爆全网，全国有 100 多家媒体先后推送转发，至今的总浏览量达数亿次，并引发了全国网友对“人与自然和谐共生”以及“云南生物多样性”的热议。

普者黑国家湿地公园距我工作的丘北县城 14 公里，湿地率 16.76%。普者黑因其特殊湿地生态系统结构，孕育了喀斯特地

区特有的生物多样性，特别是多样的生存环境条件促进了喀斯特地区常见的同域地理分化现象，分化了许多普者黑地区的狭域特有物种，如丘北盲高原鳅和丘北金线鲃、鹰喙角金线鲃等地方特有鱼类。

多年来，我们丘北的各族人民像爱护自己的眼睛一样珍视普者黑“母亲湖”，一直注重普者黑的生态环境保护。丘北县人民政府于 2010 年、2016 年先后成立了丘北县湿地保护管理所和丘北普者黑省级自然保护区管护局，并开展了对普者黑湿地的保护、环境治理与生态恢复工作，在普者黑湿地实施了示范村环境基础设施建设以及污染源治理工程，开展了包括湿地植物恢复和水质净化工程的入湖口人工湿地建设 7 处，在普者黑湿地水源头进行了封山育林 2000 多亩，面山植被恢复 4000 多亩，这当中，我还多次到普者黑湿地参加了义务植树造林活动。

在遵循保护优先，科学利用的原则下，如今的普者黑湿地内随处可见对水质要求高的海菜花、金鱼藻、狸藻和眼子菜等沉水植物。普者黑国家湿地公园的维管植物由原来的 119 科 465 种增加到如今的 151 科 823 种；鸟类由原来的 34 科 142 种，增加到了 36 科 209 种，其中就有金雕、东方白鹳等国家 I 级重点保护鸟类；鱼类由 18 种增加到了 89 种，普者黑湿地的保护与生物多样性修复取得了显著的成效。

水清岸绿、鱼翔浅底、候鸟翩跹、游人如织，这是普者黑如今呈现出的人与自然和谐发展的喜人景象。我常常在想，能生活在彩云之南的普者黑，是一种莫大的幸福。2021 年 10 月

11 日至 24 日，主题为“生态文明：共建地球生命共同体”的 COP15 大会在我们美丽的云南昆明举办，作为生态文明建设的参与者、实践者和推动者，我们有责任担负起尊重自然，顺应自然和保护自然的使命，为实现生物多样性可持续利用和惠益分享，实现“人与自然和谐共生”的美好愿景而不懈努力。

最后，我想向大家分享一首关于普者黑的歌曲，当地人耳熟能详的《唱不完的家乡美》，里面有句歌词是这样唱的：

> 人在画中游啊，鸟在天上飞，抹上花脸呀把心醉，啊让你来了不想回……

相　逢

云南省交通运输综合行政执法局玉溪支队　曹江轻雨

2020 年我有幸参加了央视生态答题类电视节目《绿水青山看中国》，而且在节目中我还和两个在云南搞生态建设的精英相逢了。

她叫高琼仙，是贡山县人民政府的一名工作人员。没想到，在这里还能遇到云南老乡。她很快就给我讲起了她的故事，她从中央民族大学毕业后，立志从北京回到独龙江乡搞建设。独龙江乡农业基础薄弱，这些年她亲自带领乡亲们种植草果，每天上山下山就是几十个来回。收草果时才是最辛苦的。高黎贡山的天说变就变，有一次突然下起了大暴雨，高琼仙从山上滑下来了十几米，万幸的是她没有受伤。这些年她一直带领独龙族同胞发展生态农业，现在，独龙江乡种植草果达 6.8 万亩，每人的分红就有6800多元，走出了一条“不砍树也能致富”的绿色脱贫之路。原来独龙人的“银行”就在这满目青山之上。2020年高琼仙站上了央视《绿水青山看中国》的平台，在比赛中她多次登上PK台，展现了咱们云南人的风采。正因为有了许多像她一样为绿水青山的做贡献的年轻人，才使得怒江实现保护生态与脱贫的“双赢”。

当我和高琼仙聊得酣畅淋漓时，他忽然出现了。刘光裕，居然也是云南人，现在是西双版纳热带植物园生物多样性的科普专家。2017年他还获得了“科普启明星”的称号，这些年，他无数次走进热带雨林搜集标本，走过国内20多个城市向小朋友作科普宣传，6年来一直坚持向民众普及生物多样性的保护理念。他告诉我“每一个科普导游都是一个小小的萤火虫，聚在一起就能照亮生物多样性公众教育的科普之光”。在《绿水青山看中国》的答题台上，刘光裕闯过层层关卡，答对了每一道动植物保护题，我们都叫他“版纳科普君”。

缘分就是一场不期而遇的相逢，我们三个就这样在《绿水青山看中国》平台相逢了，我也有我的故事。我是玉溪路政的一员，2021年6月1日傍晚，从版纳来的野生象群踏入了我辖区的公路，我接到了大队长打来的电话：快，大象来到我们管辖的公路了，即刻去堵大象，疏通过往车辆。什么？让我去堵大象？这样特殊的任务我还是第一次接到，我们成了网友口中的“追象人”。象群昼伏夜行，6月3日傍晚，象群再次试图沿公路继续北上，前进中发现被我们车队堵住了，就缓缓从我们车旁走了过去。我隔坐在路政车的驾驶室里，吓得动都不敢动。

尽管危险，但我们仍然愿意坚持，因为这是保护村民、保护大象、保护野生动物的事，值得！人们关注野象漫游，不是简单地看热闹，而是关心如何推进野生动物保护，如何实现人与自然共同相处，人象如何更好地和谐相处，等等。这是一个叩问真相的过程，也是积累经验的过程，更是塑造公众环保素养的过程。这些年我凭着对生态知识的积累来到了《绿水青山看中国》的舞台，我不仅把自己的爱好运用在了工作中，还在比赛中获得了最佳征文奖。

《绿水青山看中国》不仅仅是我们三个人答题的竞技场，我们还将这些年来云南生态建设的发展展现到了央视的大舞台上。2021 年是建党 100 周年，我们相约在昆明，继续聆听着对方的故事。两年来我看到了亚洲象、金丝猴、黑颈鹤等野生动物的增长，看到了滇池、洱海、抚仙湖水质越来越好，看到了森林覆盖率一次一次地增加。我们一直遵循着习近平总书记考察云南时的殷殷嘱托，争当全国生态文明建设排头兵，要把云南建设成为中国最美丽的省份。

良好的生态，不仅仅是云南响亮的品牌，也是我国最宝贵的财富。等到 2049 年建国百年时，我们再相会，我一定会看到山水林田湖草沙冰充满生机与活力，会看到绿水青山日日新，更会看到祖国生态建设在国际的影响力。坚信到那时，中国已经建成社会主义现代化强国，我们再相会，把美丽的蓝图再一次描绘。

守护人类的未来

昭通学院　马　盼

“五岭逶迤腾细浪，乌蒙磅礴走泥丸。”磅礴巍峨的乌蒙山，在日月更替、斗转星移的历史变迁中，见证了无数次沧海桑田的自然演化；亿万年天地造化，成就了这里星罗万象的奇山秀水、丰富多彩的动植物物种资源。

乌蒙山保护区地处金沙江下游、长江中上游，有洛泽河、横江、白水江等 60 余条河流流经保护区，是周边群众的生产生活用水的主要来源，保护区内的湿地生态系统有着多种多样的生态系统功能，是维持高原生态系统平衡与稳定的“高山水塔”，是维护区域生态平衡和长江流域生态安全的极为重要的生态屏障。保护区内生活着藏酋猴、云豹、林麝、黑熊等 48 种

野生保护动物，生长着67种野生保护植物，为世界、为人类保存着极为重要的物种基因。

为了促进当地野生动物资源的保护和种群恢复，为实现生物资源永续利用提供基础数据，保护区内部署了160个红外检测摄像头，每天监测着乌蒙山内的野生动物，填补了野生动物影像资料的空白。这不，前段时间，一出令人感动的“黑熊带娃记”就被红外相机记录下来了。一改往常的凶狠的形象，视频里的“母亲”满眼柔情，悉心照料着自己年幼的孩子。无论走到哪里，都把孩子紧紧地抱在怀里。找到食物后，第一时间嚼碎后喂给小熊。用餐结束后，熊妈妈用舌头舔舐着小熊的毛发，哄它入睡，它就依偎在小熊的身边，守护着它。像这样有趣的动物小故事每天都在乌蒙山上演，白鹇、白腹锦鸡、中国豪猪等野生动物都纷纷现身。这样的场景是令人欣喜的，也是令人欣慰的。

当然，维持生态系统的多样性，离不开这群人：长期以来，保护区管护局的干部职工，特别是基层一线的护林员，在不通电、不通路、没有网络和通信讯号的艰苦条件下，不论风吹雨打、还是严寒酷暑，他们几十年如一日地坚守在一线。李鹏映——一名普通的护林员，他舍弃小家常年坚守于保护区，守护着保护区内的野生动物。他的皮肤晒得黢黑，笑起来一脸憨厚，每当别人开玩笑地说：“你也该结婚了呀！”他总是露出洁白的牙齿，挠挠头说：“不急不急，我的家人多着哩！你看小黑熊还在妈妈怀里，我得看着它长大呀；还有你看藏酋猴，它长得多俊啊。”每当身边的亲友提到他前后5次与黑熊正面相遇的危险时，都劝他换一份工作，他总是不以为然，随后拿出拍摄的“黑喉太阳鸟”向人炫耀道：“危险？那你是没见到过它，当你目睹了它美丽的身姿，那全身的毛发就像会发光一样，就会觉得遇到的危险和艰辛都不值一提。”正是有了千千万万个像他这样的林业工作者的坚守，我们才能看到藏酋猴爸爸把幼猴紧紧搂在怀里，才能看到黑熊在水中尽情嬉戏的和谐画面，这是对乌蒙山生物多样性保护成效的见证。

碧水蓝天自然之本，秀美山川大地之灵。守护乌蒙山的“小精灵”，就像母亲守护自己的孩子一样。珍稀濒危物种的保存有益于生物多样性的维持，有益于自然环境的可持续发展。“绿水青山就是金山银山”，绿色发展、生态优先，守护绿水青山、保护生物多样性，就是保护人类的未来。

中越两国的生物多样性保护

云南师范大学华文学院　〔越南〕陈忠德

人类与自然之间有着共存关系。自从人类在地球上出现以来，自然母亲一直滋养人类、哺育人类、启迪人类，但随着工业化的发展，人类不断砍伐森林，破坏自然，使不少生物面临绝种危机。这些破坏显然不单影响到其他生物的存在，同时也给人类自身带来不少麻烦，洪水、干旱、森林火灾是一些最明显的后果。所以，人类的发展活动必须尊重自然，顺应自然，保护自然，否则其后果不可想象。深知自然对人类文明发展的重要性，中国国家领导人习近平主席提出了“生态文明思想”。生态文明思想的核心理念是：“生态兴则文明兴，生态衰则文明衰，人与自然和谐共生的新生态自然观”。这些理念揭示了生态与文明之间的密切关系，更把生态保护的重要性提升到了关系国家和民族命运的高度。近年来，中国在生态保护方面上也取得了许多重大的成就，全国超低排放煤电机组累计达 9.5 亿千瓦。基本完成“散乱污”企业排查和分类整治，排查治理工业炉窑 1.5 万台。全国 10638 个农村“千吨万人”水源地，全部完成保护区划定。全国共计新建污水收集处理设施 3.9 万个，全国地级及以上城市（不含州、盟）黑臭水体消除比例达到 98.2%。受污染耕地安全利用率达到 90% 左右，污染地块安全利用率达到 93% 以上。研究构建“53111”生态保护监管体系。迄今为止，中国保护生物多样性在世界上排名第四。

从 2021 年 4 月 16 日起，有 15 头亚洲象从普洱市墨江县迁徙至玉溪市元江县。至 6 月 22 日，象群已经到达峨山大龙潭乡。为了做好护象工作，云南省指挥部和工作人员花了大量时间、精力与金钱，24 小时不断监测象群动态，确保象群南迁顺利以及人象安全。通过这个例子可见，云南省政府以及中国政府对于象群安全的重视以及其他动物安全的重视，同时也体现了中国人尊重自然，与自然和谐共生的天地人和精神。

越南著名歌曲《越南—中国》里的歌词有这样一句：“越南中国山连山江连江”，“共饮一江水，朝相见、晚相望，清晨共听雄鸡歌唱”。这一句歌词不仅体现了中越两国深厚的友谊，同时也体现出了两国的土壤、气候、生态等方面上有着一定的联系和共同点。目前，越南生物多样性在世界上排名 16。截至目前，越南全国森林面积约 1380 万公顷，森林覆盖率为 41.89%；全国自然保护区累计 173 处，总面积超过 2500 公顷，包括 33 个国家公园、66 个自然保护区、18 个物种和栖息地保护区以及56个自然风景保护区。越南政府与人民也越来越重视保护生物多样性，努力构建人类与自然和谐发展的环境。

随着中越两国以及世界各国对保护生物多样性的认知与深化，坚信世界各地的森林面积会不断增加，空气、水源、土壤会不断得到净化，为人类以及地球上所有生物营造更安全、更优越的生活环境，坚信人类与自然都会得到更好的发展。

森林里的“大宝贝”

云南农垦集团所属天然橡胶产业集团　张松兰

在西双版纳的大森林中住着一群憨态可掬的“大宝贝”，它们个头很高，穿灰色的外套，挂着一根长长的大鼻子，扇动着两只大蒲扇似的耳朵，它们是这片土地的精灵，是国家的宝贝，是可爱的动物，它们就是亚洲象，一群可爱的大个子。

在我的家，美丽的七彩云南，素有“动物王国”“植物王国”和“有色金属王国”的美誉。地势的南北纵横、北高南低造就了独有的气候条件，云集了从热带、亚热带至温带甚至寒带的植物品种，也生存着许多的珍稀动物，滇金丝猴、绿孔雀、小熊猫、亚洲象，很多很多都栖息在这片热土。总有外省的同学说，你们是不是都骑大象上学，家里还养着孔雀？这难免有些夸张，但这些动物我们从小就非常熟悉。

还记得那时我才工作，西双版纳的大森林中周围长满了绿油油的橡胶林，在傣家小镇的路上，车来车往很是热闹，一块块醒目的路牌，一次次出现，定睛一看原来说是野生动物出没，注意避让。心想怎么可能？动物们总是在远处，不会来大马路乱逛的。耳机里的音乐，突然中断，司机一个急刹车，我算是摔个踉跄，原来是前方出事故要大堵车了，这条蜿蜿蜒蜒的公路总是这样，大家也好像都见怪不怪了，静静地等待，时间慢慢过去了，有人从前方打探消息，可能有大象要来了，我很震惊，还没有在野外见到过大象。人群里炸开了锅，大家七嘴八舌，脸上都高兴得不得了，有的说要赶紧离开，有的经验丰富好像见多了这样的情况，我期待着看到的那一幕。不远处的地里，矮矮的种上了一片玉米，还没长高，离玉米地一段距离的草地上，果然出现了两只大家伙，边走边玩，勾勾鼻子，扇扇耳朵，像两个顽皮的孩子，不时还朝人群探望。这是我第一次在野外看到大象，和动物园里的真不一样，好像更高更壮，也更活泼了。2021 年 5 月的一天，一条条新闻不断爆出，10 多头野生亚洲象，开始了 2021 年的旅游，它们一路北上，走街串巷，吃吃逛逛，大家也一路跟随，打探着这群可爱的大家伙，玉米、菠萝、香蕉一车车地运，一个个红外镜头不间断地工作，生怕惊扰它们，聪明的大象总有自己的打算，白天乘凉睡觉，晚上嬉戏赶路，人们不知道它要去哪儿，但也期待着它们经过的远方。

中国向来对野生动物的保护十分重视，从种群数量的急剧降低到几十年间破百的增长，我们所做的努力是值得称赞的，曾经流离失所的亚洲象们，在西南边陲的大山里，有着美丽温馨的家园。一个个保护区的建立，一家家救助站的进驻，一个个研究站的建设，都在为保护这个凶猛又憨厚的濒危物种不断出力。保护区新增规划，村民搬家迁居，还有的地方专门开设“大象食堂”，种上美味的蔬果给大象们享用。我想，聪明的它们也一定会感受得到来自人类的关爱。世界是一个整体，不只是我们人类在一片片土地上繁衍生息，还有许许多多的动物，植物和我们生存在一起，这样才是一个和谐共生的美丽世界。

象来象往　人间的守望

玉溪市红塔区融媒体中心　刘歆旎

2020 年春天，一群野生亚洲象离开西双版纳亚热带丛林，入城进村，胡吃海喝，一路北上……有网友调侃说，这群大象是要赶往昆明参加 COP15——“联合国生物多样性大会”的，人类已经无法阻止它们的脚步。

“大象到哪儿了？”一度成为全中国乃至全世界关注的热点。

2021 年 5 月 29 日 18 时，15 头亚洲象昂首阔步挺进玉溪市红塔区地界。有专家指出：红塔区将成为阻止亚洲象北移的重要节点。因为，再往北不仅适宜大象生存的野生食物越来越少，而且，随着沿途人口密度的加大，潜在的危险不言而喻。

大象来了！大象真的要来了！

接到采访任务，心里既期待又紧张的我和摄像老师拿上设备，弹射一般冲出采访部，火速赶到十几公里外的六龙公路观察点。当天，烈日当顶，但比日头更热烈的是实地召开的现场办公会。各路人马就地分析、研判、争论、布局……红塔区指挥部超前部署，各职能小组领命出发。

傍晚 6 点左右，不知是谁大喊了一声："快看！大象出现在村口了!"一时间，大家都把目光聚焦在无人机的监测器上——惊呼！震撼！15 头列队而行的大象，用长鼻自如地往身上撒着沙土，如战车一般轰然向前。

此刻，村里的广播在用彝语告知村民不得袭扰象群，防范被大象袭击的保护措施，但职业的敏感促使我拿着手机就冲上前去。我和摄像老师所拍到的这些画面，也成为后期一段时间众多媒体高频率使用的珍贵素材。5 月 30 日，我第一次以主播的身份出现在央视《直击云南野象群》的新媒体直播间，当晚就有 800 多万人观看了这场直播。

因为象群的位置随时会发生变化，我们媒体采访团和无人机监测小组、专家团都要跟着"前指"搬迁。我常想，15 头"北漂"的大象是否知道，为了帮助它们平安回归栖息地，有多少默默守护的身影，又有多少充满牵挂的目光……

大家看，这组镜头就是云南省森林消防总队 90 后队员张雄拍下的。作为整个"追象"团队的"眼睛"，他和队友们 24 小时轮流用无人机跟随象群，辛苦与煎熬从不抱怨。

云南大学生态与环境学院陈明勇教授率领地面跟踪监测队伍一直在现场指挥部指导监测北移亚洲象群。我问过陈教授大象是不是有五六岁孩子的智商？他说：“反正我这个教授玩不过它们。”

作为一种巨兽，亚洲象受惊吓后极有可能对人类发动攻击，对象群通常采用的方法是柔性疏堵、投食引导。这种看似简单的操作，却充满了不确定性。

红塔区一位负责运送食物的师傅告诉我，他们每天 24 小时待命，一接到电话就要把准备好的香蕉、菠萝、玉米、食盐等送到投喂点。而一路同行的专家则通过采集大象粪便样本，判断象群的健康状况，及时调整投喂方案。

为了确保象群能按照预判路线行进，避开乡镇和村庄，沿途各地政府调来了上百辆渣土车对部分路段进行封堵。由于昼伏夜出是象群活动的常态，驾驶员们已记不清在睡梦中被惊醒的次数，而为此舍弃每天近千元的收入也心甘情愿。

5 月 30 日，我回访了一位村民，就在头一天，象群光顾了她家的苞谷地。大姐笑着跟我说：“粮食没了可以再种，但大象没了就太可惜了。”

2021 年 8 月 8 日晚 8 点 8 分，这是多么巧合的一个数字啊。迁移 110 多天，迂回行进 1300 多公里，途经玉溪、红河、昆明 3 个州市、8 个县市区的象群终于在人类的努力和干预下，踏上 151.62 米长的元江大桥，从元江北岸返回南岸——由此，云南亚洲野生象群助迁工作取得决定性进展，短鼻野象家族终于踏上了回家的路。期间，云南全省共出动警力和工作人员 2.5 万多人次，无人机 973 架次，布控应急车辆 1.5 万多台次，疏散转移群众 15 万多人次，投放象食近 180 吨。

那天，望着象群们渐行渐远的背影，我的内心涌满不舍和牵挂。脑海里叠影着一幅幅它们在密林中栖息、池塘里玩耍、农庄旁饮水、投食地大快朵颐的温馨画面……

大象来了，大象又走了！9 月 10 日凌晨 1 时，一路“象”北的旅行团安全回到了传统栖息地，标志着北移亚洲象群安全防范和应急处置工作全面结束，但是中国乃至全世界保护亚洲象的工作依然任重而道远。善良的中国人一定会温柔守望这些高贵的生灵，成就一段值得传颂的人象奇缘。

生命的永续

云南艺术学院文华学院　杨　扬

云南，天然拥有多样性的生态环境，整个区域分布着从寒带、温带到亚热带、热带的植物种类。中国约有高等植物26000种，云南就有15000多种，占全国高等植物物种总数的56.7%，是全国植物种类最多的省份，而且许多植物种类为其独有。独特的地理环境和自然资源，让这片高原充满生机，山川秀美；让这片土地气候宜人，鲜花满地。

我，是一名高校的人民教师，作为在云南土生土长的一员，我对于这片土地、对于共建生命共同体，有着一些自己的理解，让我们把题目倒叙，先从共同体这个词开始表达。我所在的学校每年都会面对许许多多来自全国各地的学子，但是无一例外的是，凡是到云南上大学的学生们都会逐渐深深地爱上这里，我也曾采访过一些毕业后决定远离家乡留在这里生活的学生，为什么会义无反顾地留在云南？有的人说，因为这里气候舒适，有的人说因为这里生活节奏舒缓，还有的人说因为这里的人热情淳朴不排外，等等。

而我认为，云南自然本身就是一种神奇的力量，不管你来自何方，从你落地云南开始呼吸的第一口新鲜空气就能将你吸引，而这股神奇的力量随着你的一呼一吸和你生活的一举一动就会让你情不自禁地爱上这里，这股神奇的力量我们称它为“接纳”。在这里，你不会有任何的不适，因为这个地方淳朴到让你没有任何的违和感，它让你天然感觉到自己的存在和周边的一切都是契合的，这就是云南，一个能让你自然选择的天然的“共同体”。自然而然的接纳，毫无修饰的朴实与真诚，无论是人类、动物或者植物都浑然天成地合而为一，享受着这份自然的馈赠。

说完共同体，我想再从我的视角来和大家谈谈生命。2020年，是个全世界人民都印象深刻的一年，一场突如其来的新冠肺炎疫情给全国、全世界人民带来了严峻考验，我们每个人都亲身经历了这场灾难。在这场人类大灾难中，我更加深刻地认识到生命的可贵，但是也正是这场疫情让我们懂得了比生命更可贵的东西，它叫作生命力。作为一名人民教师，我每天的工作都是不停地输出。在不停地输出的同时也在不断地输入，这里所指的输出或者输入不单指的是知识，更是一种生命力的输入与输出。在云南这个多物种的环境下成长，你可以随处见到大片大片五颜六色的鲜花，这些鲜花传递给我们的可不仅仅是灿烂和芬芳，更是一种生命绽放的纯粹；你也可以随处看见天空飞翔的各类飞鸟，这些飞鸟也是在告诉你梦想不是一种等待，它是一种行动。当然云南的生命不仅仅只是这些花鸟鱼虫的诠释和形容，这种生命的力量是自然生长的，如雨季破土而出的野生菌类，它诠释了生命总是以一种你意想不到的方式馈赠你；也如树枝上攀爬织网的蜘蛛，它诠释了不经意的生命形态的计算，这些都是四处弥漫着的生命力，这就是生命的艺术。

我们谈了共同体，谈了生命，那我们将如何实现共建呢？这是一个很难讲清楚、描述起来很复杂的问题。而我，有一个比较简单的理解，那就是“永远记得”。永远都要记得，我们永续的生活都是大自然的启发；永远都要记得，只有在包容的土地上才有能力承载这样丰富的生命。共建生命共同体不仅仅是一句口号，也不是单纯的保护生命，它要求我们把一切当作一切去看待，也要求我们把一切当成自己来看待。

这是我对共建生命共同体的理解，它不是一种需要去费力诠释与悉心见解的复杂体系，它仅仅是一种单纯的初心，只需要你抱着爱就能达到。而爱是一个动词，不是一个形容词，只要你用行动去拥抱生活，去爱自己，爱生活，爱孩子，爱社会，这些友好和善意就不再是可以忽略的渺小，它会变成一种隽永，一种生命的永续！

听声识猿

云南高黎贡山国家级自然保护区保山管护局　楚原梦冉

2017 年 1 月 12 日，由中国科学院昆明动物研究所、云南省林草局及中山大学等单位联合举行新闻发布会，将栖息在高黎贡山保山片区的白眉长臂猿，作为新的物种对外发布，并正式命名为高黎贡白眉长臂猿。而保山市也被中国野生动物保护协会授予“中国白眉长臂猿之乡”的荣誉称号。

区别于其他非人灵长类动物，长臂猿有两个主要的特征：第一，一夫一妻制的社会结构；第二，能够发出嘹亮的、连续的、复杂而结构稳定的鸣叫声。

接下来我想邀请大家和我一起欣赏一段来自高黎贡山白眉长臂猿的歌声。

长臂猿通过这种鸣唱可以宣示主权、寻找配偶、加强配对关系。

那我们是如何将这种生物学特征，应用到高黎贡山白眉长臂猿这个物种的保护工作中的呢？

保护生物学中一个最基本也是最重要的内容就是，准确掌握保护对象的种群数量及种群动态变化。野生状态下，长臂猿移动十分迅速，我们很难目击到个体。

但它们的叫声就如我们每个人说话一样，存在音色音调的差异。通过专业的声音收集设备，并用声谱分析软件，便可以识别出每个猿群鸣叫的特征。

刚才我们听到的这段声音，其实是包括了起始、重复、激动鸣叫（合唱）三个部分，不同的个体之间在上述的每个部分都有所不同，比如，起始部分，不同的雄性个体间，在第一至二个音节的时间间隔上，就存在 0.8 – 1.4s 的差异。

通过细微且固定的差异就足以判断出声音是由哪个猿群甚至是哪只个体发出的。2015 年，在我们保护区，建立了全国第一个高黎贡山白眉长臂猿监测站，并且组建了 60 人的专业监测队伍。

2017 制订《高黎贡白眉长臂猿保护计划》，同时也完善了《高黎贡白眉长臂猿监测方案》，制订了“三定”方案，实现了人对猿一对一的监测保护。2021 年，我们正在给每一只长臂猿制作自己的声音名片，为的就是能准确高效地掌握长臂猿的种群数量。

据 2017 年的大量调查数据，乐观估计全球高黎贡白眉长臂猿的种群数量也不足 200 只，要远低于我们的国宝大熊猫，而真正从事长臂猿保护的科研人员比长臂猿的数量还要少。但是，我们就是想通过每一次的努力，把这美妙的歌声留在高黎贡山，留我们的子孙后代。

齐民齐心，共筑生态博物馆

云南西双版纳职业技术学院　罗　昆

“一花一树一世界，一国一城一生态。”徜徉在自然的海洋中，感受着生物多样性的多姿多彩；遨游在西双版纳这座生态博物馆中，倾听动物的歌声。细看景物的风貌，品味古老的芳香，洞察人与自然的和谐共生。

美丽的西双版纳，拥有着地球北回归线以上仅存的热带雨林，有着“植物王国”“动物王国”等众多美誉，在美誉的衬托下，人们越来越重视这一份独特的生物多样性，在这里保护着 700 多种野生脊椎动物，亚洲象就是其中的一员。2008 年，国家投资约 700 万元，在野象谷建立了我国第一个亚洲象繁育基地，旨在保护和拯救珍稀的亚洲象资源，保护生物多样性，维护自然生态平衡。经过长期不懈的努力，生活在这里的亚洲象，从 20 世纪的 80 年代的 170 余头发展到了目前的 300 余头，亚洲象数量的增加，给人以慰藉，同时，也给我们带来了巨大的挑战，当前最棘手的问题就是如何保护好亚洲象的栖息地。

2021 年4 月初，一支由15 头亚洲象组成的大象旅行团，从西双版纳出发，一路北上，吸引着人们的眼球，丰富着人们的视野，人们全方位多角度的关注着大象的活动轨迹，北漂旅行团的故事，一跃成为热门话题，这体现了人们保护生物多样性的意识在不断提高，同时仿佛指引人们观看一幅《国家地理——云南篇》的画卷。

充满诗情画意的西双版纳，是植物的王国，森林覆盖率达81.34%，植物种类多达2 万多种。而“植物王国”的美誉可不仅限于植物种类繁多，更在于植物本身所拥有的独特功效。这里有抗癌的药物美登木、治疗高血压的罗芙木，有1700 多年前的古茶树，有闻乐起舞的跳舞草、改变味蕾味觉的神秘果，等等。此外，多样的植物也需要人们的呵护，这里的各级政府协同各族人民，为这片延边区域筑就了一条独特的植物风景线，拥有森林覆盖率高达98.6%的原始森林公园，有花卉及经济作物近1000 个品种的热带花卉园，拥有中国面积最大、收集物种最丰富、植物专类园区最多的中国科学院西双版纳热带植物园。

听西双版纳的动物放声高歌，看西双版纳的天空一片蔚蓝，闻西双版纳的植物芳香四溢，一幅生态博物馆画卷在眼前徐徐展开。

山积而高，水积而成，无论过去还是现在，抑或是未来，我们将矢志不渝地守护着祖国的大好河山，保护着这一份属于中国的生物多样性，促进人与自然的和谐共生，我们将携手世界各国共同构建地球生命共同体。

被虫虫书改变命运的人

中国移动通信集团云南有限公司　胡小滨

我是“虫拜者”胡小滨，请注意我是虫虫的虫，“虫拜者”。

这就是我今天演讲的题目《被虫虫书改变命运的人》。

因为这本书——《与虫在野》，我立志成为一名讲书人，把生物多样性的知识和博物学的好书传播出去！

为什么这么说呢？

我想先跟大家说三件事情。

第一件事——那是一个周末的早晨，儿子尖叫着跑进卧室大声说：“不得了啦，不得了啦！我们家阳台上死了好多蜜蜂啊！”

我终于相信了《与虫在野》书里说蜜蜂会得“阿尔茨海默

症”是真的！

“昨天小区里喷了农药，我们过路的时候都要捂着鼻子，今天蜜蜂就都死了，太可怜啦！”

我接着问：“如果世界上蜜蜂都死了，你知道后果会怎么样吗？”

“书里说蜜蜂得了‘阿尔兹海默症’，采蜜的工蜂找不到回家的路，蜂巢里的幼蜂饿死，没有蜜蜂传粉，植物不再开花结果，动物就没了食物，人类的粮食也会减少，我们就会饿死！”

你看，因为这本书，让我们记住了小小的蜜蜂都与人类息息相关。

人类不能为了一己私利而残害其他物种，因为生物多样性需要物种的多样性，地球上的物种一个都不能少。

第二件事——就是2019年本书作者半夏老师发现，在澄江抚仙湖岸边到处是福寿螺的粉红色卵块，她立即在自媒体上发声：I类淡水资源储量占云南九大高原湖泊总储水量百分之七十的抚仙湖，正遭受福寿螺恶劣入侵！

她呼吁：立即铲除福寿螺，避免破坏生物多样性。

因为外来物种的强势入侵对生态平衡的破坏几乎是万劫不复。

如果福寿螺在本地大量繁殖，它将挤占许多物种的生存空间，毁灭本土物种，湖中及周边水域的植物、农作物根茎嫩芽将被啃食，水体被严重污染，随之而来的就是大面积减产。

人们一旦误食了福寿螺，一种寄生虫就会进入人体神经中枢，让人痛不欲生。

当地政府迅速做出反应，组织环卫工人集中清除福寿螺，终于在 2020 年 3 月底前全面完成了第一次防控任务，确保抚仙湖这个能让 14 亿中国人每人分到 15 吨可饮用淡水资源的 I 类水质和生态系统的安全保障得到切实保障。

因为生物多样性需要生态环境的多样性，追求的是生态平衡。

你看，如果不是因为半夏老师和《与虫在野》这本书，上面的这些知识和事件或许我不会知道，就算知道了也不会关心，因为觉得与我无关！

我仍然是上班干活、下班追剧、刷抖音刷视频、聊八卦逛淘宝、每天浑浑噩噩不知所求的人。

正是因为这本书，开启了我人生的新篇章，我愿意做一个“虫拜者”，做一个讲书人。

第三件事——就是关于我自己，离开学校，我有超过 10 年时间不愿再捧起任何书本。

工作中屡屡受挫，不知道如何改变现状，我除了抱怨就是唉声叹气，可是都没有用。

不知道你们有没有过这样的体验呢？

当工作中的困难把我打趴在地的时候，偶然间我被书中的一句话点醒了。

半夏老师说：“人的一生认识一万个人打顶了，可这一万个人，仍然只是同一个物种的不同个体而已。而我每认识一个虫虫都别有心动，这是形态、神情、习性各不相同的物种，是真的一万个新朋友，唯有欢喜！”

反观我自己，只看得见眼前这一亩三分地的人和事，还有烦恼、纠结、失望、不满总是伴随着我，看完这本书，我豁然开朗，世间生命都值得敬畏，我开始学习用半夏老师的视野去看待周围的花草虫鸟。知道了：人命关天，虫命也关天。

我向身边的所有人推荐这本好书，利用业余时间努力学习讲书，录制的有声专栏《“虫拜者”陪你与虫在野》已经在某APP上架。我还成了金牌讲书人，希望通过我的讲书，可把博物学的种子种到孩子们的心里，让孩子们知道：虫安妥，草自在，人类方安然自得！

保护世界生物多样性是我们全人类共同的责任。

我们每个人都可以贡献自己的绵薄之力。

你看，一本书，让孩子爱上虫虫，爱上自然，让半夏老师身体力行做一位“生态环境保护志愿者”，让我努力成为讲书人胡小滨，把生物多样性知识和博物学好书讲给更多人听！

习近平总书记在党的十九大报告中指出：“加快生态文明体制改革，建设美丽中国。人与自然是生命共同体，人类必须尊重自然、顺应自然、保护自然。”

我们云南人民，我们全中国人民为世界生物多样性做出了卓越的贡献，欢迎大家到中国来，到云南来，领略生物多样性！

我们，一直在

双柏县林业和草原局　普仙芝

有一种东西，它承载着人们的希望，看不见，摸不着，却能在心中产生巨大的力量，它叫梦想；有一类人，天当被，地当床，怀抱星月，头枕大地，身躯紧贴秃岭荒山，他们的梦想是绿水青山、鸟语花香，待到黎明时，又拾昨夜梦，继续描绘祖国秀美山川，他们就是——林业工作者。

说到林业工作者，大家脑海中第一反应的是儿童动画片《熊出没》里光头强、熊大、熊二的经典人物形象，在诙谐幽默中大家都会一笑而过。殊不知，在浩瀚的林海里，留下了多少巡护的足迹，又有谁能数得清，为了守护这个生机勃勃的绿色家园，他们挥汗种下许多树苗，精心呵护许多种野生动物，不让病虫危害，不让大火吞噬，不让违法者盗砍盗猎……松树

是他们飒爽的身姿，露珠是他们警惕的双眼，孔雀也为他们舞蹈。在那唱片一样的年轮上，刻录的是他们促进人与自然和谐共生的华美乐章！

双柏县马龙河森林管护所苏晓忠同志就是双柏县三百多基层林业工作者中极其普通的一员。从 1988 年参加工作至今 33 年的时间里，他始终任劳任怨地坚守在林区第一线，33 年如一日。造林季节，苏大哥和同事们一起，扛起锄头带上干粮，起早贪黑参加植树造林，风雨无阻地坚守在每一个作业区。每逢调休，他们夫妻俩都会从林区赶回来，替年迈的父母换洗衣被，为双目失明的老父亲按摩腿脚，陪他们说说话。但更多时候，他们却连陪父母吃一顿饭都是一种奢侈。

苏大哥在林区还有个“光头强克星”的美誉。白天，他翻山越岭，背着背包巡山护林，及时发现并制止那些盗砍盗猎的违法行为，清点那些躲藏在林间的各种精灵。晚上，只要一接到线索举报，他又立马召集弟兄连夜出击，与那些违法行为斗智斗勇，坚决不放过任何一个问题线索，绝不纵容一个环境的违法行为，用他们的话说：“保护家园，惩恶扬善，再苦再累也值得！”

每年 12 月防火期开始至次年 6 月防火期结束，苏大哥和他的专业扑火队友蓄势待发、随时待命。只要发现火情，他们迅速有组织有纪律地顶着熊熊大火，冒着浓浓的黑烟冲在火场第一线奋力灭火，灭火后一遍遍拉网式排查余火，绝不让火场有任何一丝死灰复燃的可能。你也许不曾感受，因山高路远无法正常供给，饥肠辘辘仍坚持维持体力互相叫喊奋力救火的困境；

你也不曾看见，在扑灭火结束后那些黑不溜秋、分不清谁到底是谁的人集体瘫坐在火场边相互依偎的狼狈模样，那是何等的令人心酸，又是何等地令人感受到荣光！为守护双柏大地的每一片绿，我们每一个林业人都在默默地坚守着！

在党的 100 年华诞之际，我们林业人借党中央“绿色发展理念”的东风，在双柏县委、县政府的正确决策和坚强领导下，努力建设人与自然和谐相处的生态环境，积极开创社会主义生态文明建设新时代。面对新形势、新任务和新机遇，我们虽不能驰骋疆场，指点江山，但我们能以平凡的血肉之躯立足于平凡的工作岗位，从一棵苗木的栽植做起，从一只小动物的守护做起，以滴水穿石之韧劲和恒心积极推动林业大发展、大繁荣，以一流的业绩向党和人民交上一份满意的答卷。

我是林业人，我骄傲！我们以 300 多火红的身影和这一身身橄榄绿，无怨无悔坚守住双柏 4045 平方公里的绿地。在打造“养生福地、生态双柏”品牌的路上，我们在！我们，一直都在！我们，永远都在！

镜头里的“猿”味人生

普洱市景东彝族自治县第一中学　洪　涛

各位朋友，你们听说过黑冠长臂猿吗？它是国家一级保护动物，一直生活在我们的无量山和哀牢山中，可是2009年以前我们却从来没有见过它的庐山真面目，甚至景东县在申报国际森林保护项目时因为缺少它的照片，最终与这个项目失之交臂。那你们知道是谁为我们拍到了第一张黑冠长臂猿的照片吗？他就是60多岁的退休老人张兴伟老师。

一台相机，一个背包，一身丛林迷彩，跋山涉水，穿行在莽莽苍苍的原始森林里，这便是已有50多年党龄的张兴伟的生活写照。张兴伟是景东县自然保护区管理局原局长，退休前，因为职责，他守护着景东的无量、哀牢两山；退休后，因为热爱他仍在为两山奔忙。

2007 年张兴伟退休了，可是，他心里一直有一个遗憾，那就是没能拍摄到西黑冠长臂猿的影像。于是，本该安享晚年的张兴伟又开始“折腾”起来。一个对摄影、电脑一窍不通的 60 多岁的老人，自掏腰包购买专业摄影摄像器材，向孙子辈学习电脑操作，和各路英雄请教摄影技巧，硬生生把自己武装成了专业摄影师的模样。

2008 年初，张兴伟带上设备扎入深山，开始了“追猿”生活。他每天四五点出发，行走在茫茫林海中，跟踪、蹲守，晴天，他在茂林深处；雨天，他在悬崖峭壁。饿了，就吃点压缩饼干；渴了，就喝点山泉水；风餐露宿对他而言早已是家常便饭。原始森林山高路险，又常有野兽窥伺左右，稍有不慎，就可能跌落万丈深渊。拍摄期间张兴伟就曾经历过两次车祸。有一次，他被卡在了悬崖边的树上，脱困后，他顾不得检查伤情，第一时间去查看拍摄设备。路过的村民说：“差一点命都没了，还有心情看这个?”他笑着说：“不拍好风猴的照片，老天爷都不会让我死，放心吧!”

深山里手机信号不好，张兴伟一进山就会消失很多天。家里人总担心他受伤，可是这倔老头儿没完成心愿哪可能停下，一进山就是个把月的蹲守。老伴也曾抱怨：“在职时不顾家，退休了又像个野人一样总往山里跑，真是一头倔驴。”也许正是他的驴脾气感动了无量山深处的树冠精灵，2008 年的 12 月 17 日，蹲守了整整 10 个月的张兴伟终于拍到第一张西黑冠长臂猿的照片，弥补了自然科学界的影像空白，也弥补了自己的缺憾。2009 年，他拍摄的照片在《中国国家地理杂志》上刊登，无量山西黑冠长臂猿首次进入人们的视线，引起了国内外学术界的强烈反响，越来越多的目光聚焦到景东无量山、哀牢山，使得西黑冠长臂猿和“两山”自然保护区走出了景东，走出了全国，走向了世界。

因为坚守，2019 年，张兴伟被中共中央组织部授予“全国离退休干部先进个人”荣誉称号。如今的张兴伟已经 75 岁了，却仍然在山里坚持拍摄。他用最朴素的方式、用共产党员的初心使命始终守护着我们的绿水青山。中国共产党百年征程，正是因为有了无数个像他一样甘于奉献的普通人，才绘就了青山常在、绿水长流、人与自然和谐共生的大美画卷！星光映射，薪火相传，我们年轻一辈，就应当接过前辈手里的接力棒，在自己的岗位上兢兢业业，书写我们独特的“猿”味人生！

青山风骨耀云岭　惠泽遗风育后人

丽江民族中等专业学校　刘晏廷

从前有座山，除了荒芜便是贫瘠；山里有一个老人，脚穿胶鞋，肩扛锄头，一步一镐量完了这座山，在他汗水洒落的地方，树苗茁壮成长。春去秋来，花开花落，那些树苗长成了绿色的海洋，不毛之地变成了生命的乐园。于是人们记住了这个老人的名字——杨善洲。他的名字一次又一次传遍云岭、感动神州。他用自己的行动创造了保护生物多样性的传奇和榜样。他用赤诚和大爱告诉了我们：绿水青山就是金山银山。他守住了清贫，耐住了寂寞，兑现自己当初的承诺。他用毕生精力践行了一名共产党员的铮铮誓言，永葆了共产党人的浩然正气。

不忘初心牢记使命，青山风骨照耀云岭。虽然善洲前辈已经离开我们多年，但是善洲精神传承了下来。2011 年，“善洲林场”被授予“国家生态文明教育基地”称号。多年来开展生态文明宣传教育和实践活动，引导人们树立正确的生态文明观，成为公众接受生态文明素质教育的主要阵地。同年还成立了云南省杨善洲绿化基金会，旨在动员和倡导更多的社会公众、企业、机构为绿色云南的生态文明建设，为保护地球家园而共同努力。善洲精神就像一轮红日，给予我们光明和力量，照耀着我们继续前行！

二十载山高水长，林木参天写就青春路；三十年春华秋实，惠泽遗风育树更育人。周波是杨善洲老书记开荒造绿、发展生态经济的见证者，也是传承杨善洲精神、深耕百姓美好生活的践行者、接棒人。大亮山的绿海松涛记录了杨善洲老前辈卷起裤腿、穿着胶鞋、戴上竹叶帽，走进大亮山的背影；同时也见证了周波孤身一人，在寒风刺骨的防火瞭望台上四处巡查的1200多个日月星辰。30年来，周波始终奋战在善洲林场这片土地上，将守护杨善洲精神融进了自己的生命里。

还有很多为保护环境，开荒造绿，发展生态经济的开拓者、践行者和传承者们。

在云南丽江金沙江畔，为了长江上游防风固土、抵御洪水和保护生态环境，几代人沿江种植柳树310余万株。这些郁郁葱葱的柳林，凝聚着几代种柳人的汗水和心血。也正是因为一代又一代人的传承、坚守与努力，才共同构筑了长江上游事关国家生态安全的绿色屏障。如今，金沙江两岸已成“鱼米之乡”，“长江第一湾”建成最美“金沙柳林”，绵延百里柳林环绕“万里长江第一湾”，形成了“杨柳两行绿，水天一色清”

的最美“金沙江柳林”风景线。这些青山绿水已成为最具发展后劲和底蕴的金山银山。

还有，丽江市华坪县深入贯彻落实习近平总书记生态文明思想，制定绿色发展战略。多年来，经济从“黑”变“绿”，闯出一条“绿水青山就是金山银山”的实践之路。2020 年入选第四批“绿水青山就是金山银山”实践创新基地。这其中又涌现出多少开荒造绿，发展生态经济的开拓者、践行者和传承者。

现在的山上已没有了老人，但是善洲精神和种柳人精神将不断激励着我们继续前行。栉风沐雨，薪火相传，让我们用行动净化环境，保护生物多样性，共建地球生命共同体，把绿色播撒到世界的每一个角落！

生态文明　昆明在行动

昆明市官渡区冠益中学　杨　芃

联合国《生物多样性公约》第十五次缔约方大会于2021年10月在云南省昆明市召开，196个缔约方政府官员、科学家、企业家将齐聚昆明，共同探讨地球的未来，人类将走向何方。大会将进行洽谈、磋商，举办多场平行论坛，审议“2021年到2030年全球生物多样性保护框架”，确定今后10年全球生物多样性保护的目标和战略。

这次国际盛会为展示中国、展示云南、展示昆明生态文明建设显著成效提供了重要平台，提升了我们的国际知名度和影响力。

为着力打造“世界春城花都、历史文化名城、中国健康之城”的昆明，这些年来，始终把生态环境保护置于市政重点工程，为生态文明建设交出了一份满意答卷，荣获国家森林城市称号。滇池保护治理有科学方案和强有力的系列措施，成效显著，极大地改善了昆明的生态环境，提升了人民群众的幸福感。

有“高原明珠”之誉的滇池，湿地增多，鱼类增多，鸟类增多，它是云南生物多样性的一个缩影，滇池人鸥情缘就是最好的展示。三十多年来，北方海鸥年年来，春城人民喜迎它，年年为它们准备了爱吃的东西。滇池招引来许许多多四方游客，他们都喜欢坐船游滇池，成群结队的红嘴鸥环绕追逐，显示它们觅食的本领，构成了人与海鸥和谐共生的生动画面。在滇池海埂大坝观赏时，有的红嘴鸥三三两两浮在水面，随着水面起伏；有的更可爱，乖乖地站在堤坝上，免费给游客拍照，留下了人与海鸥友好相伴的身影。

生态文明，昆明在行动。昆明植物园开展以“保护生物多样，筑牢西南生态屏障”为主题的广泛宣传活动，策划推出“在昆外国人看昆明”系列短视频访谈及“探奇多样性，昆明大不同”春城生物多样性之美全民打卡活动，昆明 14 个县（市）区将作为生物多样性打卡版图。以“线上 + 线下”的方式，通过寓教于乐的全民沉浸式打卡互动，邀请市民、游客打卡昆明生物多样性之美。活动现场将设置生物多样性创意签到打卡、现场连线各行业代表倡议、“民族文化与生物多样性保护”节目演出、参与体验 SCA 科普互动活动，参加植物拓印、书签制作、3D 打印等项目活动，引导市民亲近自然、了解自然，为 COP15 的成功举办营造浓厚的社会氛围。活动以昆明为原点，自宣传月开始到 9 月份，分批次向重庆、广州、深圳、南京、等全国30余个城市及一些州市的网民发出2万份“春城之邀·种子明信片”盲盒。以问答访谈视频、Vlog（微录）讲述短视频、AI机器人主播对话短视频和拟人化动植物对话短视频4种方式进行，邀请在生态领域有建树的外国专家，围绕“生态文明，共建地球生命共同体”主题进行采访报道。“种子”盲盒，是春城美丽的风景，展示了云南打造“世界生态名片”的满腔热情和社会影响力。

朋友们，让我们借着这次国际盛会带来的殊荣和机遇，积极行动，奋发有为，把我们中国建设成为人与自然和谐共生的美好家园，为世界提供中国方案！共同谱写魅力新篇章！

共建地球生命共同体

昆明医科大学 ［缅甸］王丽萍

自然环境影响着我们每一个人，人与自然是生命共同体，人与自然要和谐相处，要善待自然。伤害自然的人，必然遭到自然报复，最后也必然伤害自己。如果生态环境不断恶化，大自然的平衡遭到严重破坏，将可能导致各种自然灾害的发生。所以，让我们停下手中所做的各种可能伤害自然之事。

近年来，中国高度重视生态文明建设。中国国家主席习近平曾说过："生态兴则文明兴，生态衰则文明衰。"要建设地球生命共同体，需要全世界联合起来。在云南昆明举行的全球生态多样性签约方大会，希望各个国家都积极参与，共同维护我们的地球生态环境。

此次会议举办的地点是享有"动植物王国"之称的云南。

云南位于中国的西南边陲，有着丰富的自然资源，一直以来这里倡导创建和谐文明的人与自然关系，这里物种丰富，人与自然和谐相处，大自然的美构建了云南的美。云南山多水多，气候宜人，常年都出产各种热带水果，这些都是人与大自然的和谐共生的结果。我们应该怀着感恩的心去回报自然，保护生态环境，与自然和谐共生，共建绿色地球。生态和谐，人们的生活环境会更加美好，人们的生活也才会更加美好。

我在春城昆明留学，这里四季如春，不寒不热，是人们向往的好地方，非常适宜居住。昆明环境如此之好，离不开昆明多年来对环境的保护。在这里，人们大多会选择低碳出行，或是坐地铁，或是乘公交，或是使用近年来兴起的共享单车，人们乐此不疲，多年如一日。到了冬季，昆明的滇池有许多从西伯利亚飞来的海鸥。滇池为远道而来的海鸥提供了一个温暖的家，成群的海鸥也为滇池增添了不少生机。可以说，海鸥离不开滇池，滇池也期待着海鸥每年的到来。周末，我们三五成群邀约好友会结伴去滇池喂海鸥，拿着面包，站在滇池畔，把拿着面包的手高高举起，等待海鸥的“光临”。每年冬季，滇池就会成为昆明一道亮丽的风景线，许多外地的游客也会慕名而来，与已经不认生的海鸥拍上几张美美的照片，喂上一袋面包，留下一段美好的回忆。

人们的生活与环境息息相关，在此我衷心地希望全世界人民一起行动起来，参与环境保护，创建文明的生态环境，共建地球生命共同体。

无论是什么民族，只要生活在这片绿洲上，每个人都有责任保护好我们赖以生存的环境，这是我们共有的家园。中国国家主席习近平说："绿水青山就是金山银山。"只有人与自然的关系越来越和谐，我们的生态文明才会越来越好。我们必须明白共建生态文明的重要性，以及共建地球生命共同体的必要性，号召我们身边的每个人都来爱护生态环境，珍爱我们的生存之地，携手共建美好家园。

我们欣赏着"春有百花秋有月"的美景，享受着"夏有凉风冬有雪"的意境，接受大自然给予我们馈赠的同时，也应当尽力守护它。让我们一起坚持生态文明建设，绿水青山就是金山银山，爱护生态环境，共建地球生命共同体，保护生物多样性，共迎生态文明美好未来！

人与自然之解

云南经济管理学院　木本娇

朋友，你思考过人与自然的关系吗？我今天想与你们学习交流的是人与自然这道思考题的解法。同为地球住客，人与自然的平衡在哪里？人与自然的关系又是什么呢？来听听我的经历吧！或许我能给你答案。

我是个丽江姑娘，我家临近拉市海高原湿地自然保护区。在这里，我看到了不同的答案。

小的时候，拉市海是孩童们嬉戏的大水洼。夏天去浅水处游泳嬉戏，到了冬天，去大雁窝看雏鸟。嘴馋时，约上小伙伴烤几条鱼，抓一把海菜花，便是一道美味。那时的人与自然，是初见。大自然，有它的神奇，小孩子，也有我的童趣。

少年时，拉市海是村民们的聚宝盆。码头、游船、客栈、网红打卡点犹如雨后春笋般在拉市海沿岸出现，乡亲们的荷包鼓了起来。乡亲们打招呼的方式也从“吃了吗?”（纳西话）变成了“吃了吗?”（普通话）。拉市海从一个汲汲无名的小湖泊变成了网红景点。那时的人与自然，是给予与被给予，自然无私地将自己的美丽贡献给人类，而人类则获得了物质的收获。这似乎是人与自然不错的答案。

如今，村民的聚宝盆变成了游客的诗与远方。操着东北话、上海话、四川话的各地游客纷至沓来。我的大水洼变成了他们的诗和远方，那是鸟鸣乡音绕耳，船工号子高扬，纳西情歌入心的诗与远方，可如今，它离我越来越远，夏日的浅滩越来越浅，冬日的候鸟越来越少，人进鸟退，初见的乐园似乎也没了踪影。那时的人与自然，是索取与被索取，我们牺牲自然，破坏生物多样性来换取经济。这一定不是人与自然最好的答案。

后来啊！习近平总书记提出了“绿水青山就是金山银山”的发展理念，在政府的带领下，村民渐渐知道了只有绿色才是希望，发现了人与自然之解的新思路。政府和村民全面禁止拉市海水上游乐项目。岸边游乐设施不见了，水里的小主人回来了；临海码头不见了，小精灵回来了；网红打卡点消失了，芦苇荡里的热闹回来了。游客的诗与远方变成了我们共同的绿色家园，村民们的环保意识不断增强，争先恐后做拉市海的维护者。我想，这是人与自然最好的答案。

未来，拉市海将成为更大更美的绿色家园，成就更强大的绿色经济，输送源源不断的绿色能量，绿色食品、绿色能源、健康生活目的地这样的绿色牌子将越来越多，绿色，将成为云南经济高质量发展的鲜明底色。那时的人与自然，应该是落霞与孤鹜齐飞，秋水共长天一色。渔舟唱晚，纳西儿女同大雁起舞，共舞这人与自然最美的舞曲。

这是拉市海动人的故事，也是我从大自然中得到的最后答案。人与自然，只有相互尊重，保持敬畏，才能达到和谐。只有坚持绿水青山就是金山银山的理念，才能实现人与自然的共生共赢。朋友啊！同为地球住客，请时刻谨记我们的身份，我们是保护生物多样性，共建地球生命共同体的一份子，这是我们共同的责任。

洱海留香

云南农垦集团有限公司　杨思怡

2021 年 3 月 25 日，在大理召开的云南省湖泊治理工作大会现场，当我们农垦集团将在洱海边种植的绿色生态水稻呈现在大家面前时，整个会场都沸腾了，特别是得知这种优质水稻被命名为“洱海留香”时，会场里一下子弥漫起阵阵稻米香。

“洱海留香”是云南省农垦集团用实际行动贯彻“绿色兴农　报国惠民”理念的结晶，是农垦人奋斗多年培育出的既生态环保又品质优秀的粮食产品，是农垦人在保护洱海保护生态中交出的一份沉甸甸的答卷；更是农垦人贯彻落实习近平总书记 2015 年考察大理时留下的“一定要把洱海保护好”殷切嘱托取得的成果。

站在 10 万亩绿色有机水稻旁，湛蓝的天空下，美丽的苍山

洱海间，丰收的稻田一片金黄。此刻，“洱海留香”走过的路历历在目，这一天来之不易，让我们对所有辛勤耕耘付出者点赞！

蒋强是农垦集团的一分子，“洱海留香”种植主要由他负责。为了将这个云南省农科院培育了30年的稻种在洱海边种植成功，他从开始就下定了决心。

从选种的那一刻起，他像抚养自己的孩子一样呕心沥血。他一次次摸索，一次次试验，心里只有一个念头：用好高原黑土，种出既能保护洱海水源又能产生经济效益的高原绿色水稻，这是前所未有的事情，是开拓者的事业，一定要细心、认真，同时要自信。

从育秧的那一刻起，蒋强每月要往返大理水稻基地许多趟，有的时候就驻扎在稻田里。他和其他同志们一道一丝一毫都不懈怠，一时一刻都不马虎。从机械耕地到引苍山水灌溉，从除草的精耕细作到对病虫害的预防，从保护水源安全到水稻安全，每一个细节的跟踪监管，每一道工序的精益求精。每次从基地回到昆明，大家都会不约而同地说：“又黑了！”蒋强呵呵一笑：“这说明我健康，有好身体才能种出好产品嘛！”

从培育秧苗的那一刻起，蒋强团队根据水稻专家的技术指导，以绿色生态的方式种植水稻，采用稻鱼共生的方式进行生态种养，从鱼种的选择到稻田的施肥量，一次次的实验让他们掌握了成熟的水稻生态种植模式：耕种前进行轮作，保证稻田均匀的土壤肥力；用人工方式进行除草，用生物制剂代替化学制剂驱虫；严格按照标准施生物有机肥，确保为浮游生物创造良好环境。不断繁殖生长的浮游生物是鱼的天然饵料，鱼的粪便又为水稻提供了良好的有机营养，真正地打造了绿色粮食全产业链的田园生态综合体。

从收割的那一刻起，蒋强就带领团队进驻洱海水稻种植基地，一待就是两个月。2020 年刚刚入秋不久，基地稻田收割在望，可是一场秋雨接连下了几天，收割的日子不得不一推再推。这天，总算风和日丽，蒋强看着小型水稻收割机往返穿梭，所到之处，水稻尽数倒下，切割、脱粒、粉碎秸秆等工序一气呵成。蒋强跟在后面，不断地提示，及时地指导，生怕有一点闪失。终于按照时令完成了收割任务。

所有的艰辛付出终于有了收获的那一天，金灿灿的稻谷变成了一粒粒白花花的大米，奔向四面八方，走进千家万户。这，就是“洱海留香”，饱含苍洱毓秀的情，风花雪月的韵，延续了农耕文化的生命力，承载着记忆中乡愁的味道，践行了习近平总书记生态文明思想，农垦人为保护洱海水域生物多样性做出了自己的贡献。

“苍山不墨千秋画，洱海无弦万古琴”，喜看稻菽千重浪，厚得入禾润万家！

一棵爱做梦的树

文山州广南县委宣传部　王成露

嗨，大家好，我叫蒜头果。很多人都以为我长的就是这个样子，其实这才是真正的我。

我来自远古时代，我被人类大量砍伐过，也被食果动物毁灭性破坏过，我的近亲属基本灭绝了，我幸运地活了下来。

是的，我是一个古老的孑遗物种，人类称我为活化石植物。我现在生活在一个被称作“天之广，云之南，世界的世外桃源”的地方，我和我的38000多个家人都生活在这里，占家人总数的76.43%。

虽然看起来，我秉性孤立、进化缓慢，可在心里，我始终是一棵爱做梦的树。

曾经，我和我的家人都生活在石漠化非常严重的喀斯特地貌山区里，让这个被人类评价为患上“地球癌症”的地方变成“喀斯特绿洲”，是我最初的梦，身边的小伙们说我异想天开，说这是完全不可能的事。

但接下来发生的事，让小伙伴们都惊呆了。聪明的人类打破了我们的想象，特别是在习近平总书记生态文明思想的引领下，我看见，这里的人们日复一日、月复一月、年复一年，同等对待和珍惜生命共同体中的每一个体，专门开展生物物种资源调查，让我和我的家人们终于知道彼此生在何地、情况如何；我看见，他们像对待自己的同类一样，千方百计加大珍稀濒危物种、极小种群物种抢救保护，制定生物多样性保护机制，为我和我的家人们筑牢了生物生态安全屏障；我看见，他们一代接着一代干，让石山荒坡变成青山沃土，人与自然、经济社会与生态环境和谐共生、协调发展。

滴水之恩，当涌泉相报。人类给予了我们这么多，我们该为他们做些什么呢？怀着一颗感恩之心，我开始了新一轮的“梦之旅”。

每每看到这样的场景，我都会心痛不已，帮助人类过上健康生活的梦油然而生。

仿佛心有灵犀，聪明的人类从我的果实中提炼出的神经酸，含量高达 62.27%，是其他植物神经酸含量的 15 倍，能够有效防止记忆力衰退、老年痴呆症和帕金森症等老年性脑功能障碍病，帮助患阿尔茨海默症、中风等患者走出病痛的折磨，他们给我取了一个响亮的名字“中华神经酸树”。

从远古洪荒年代走来的我，真心感谢这个伟大的时代。今天，家乡人已经培育了我们上百万株种苗，他们有计划开展回归种植，在全国率先实现了高纯神经酸的工厂化生产销售，还为我们量身定制了“百万亩基地、百亿投资、千亿产值、万亿市场”的发展目标。今天的我们，已经华丽转身，成了备受欢迎的“健康果”“致富果”。

从“喀斯特绿洲梦”到“健康生活梦”再到“中华民族伟大复兴梦”，我是亲历者、见证者、参与者。感谢一直追梦、圆梦的人类，让我的梦一次次变成现实，让一个个不可能变成了可能。

所以，我有理由相信，只要地球上的每一个你、我、他命运与共，每一个生命共同体心手相依，定能创造出人与自然和谐共处的美丽家园。而我的家乡广南，也一定会是这个美丽家园中最耀眼的世界的“世外桃源”！

生命的密码

罗平县腊山街道新村小学　谢丽平

以天地之心存心，以生灵之命立命。

放眼当今世界，火灾频发、洪水泛滥、严寒侵袭、酷热炙烤，大自然无情的肆虐似乎警醒着我们，只有破解生命的密码，才能真正抵达人类的伊甸园。

我的家乡在云贵之巅、珠江之源，一朵小小的油菜花怒放出的璀璨生命，孕育了一个生机勃勃的节日——中国·云南·罗平油菜花文化旅游节，更成就了“东方花园”的美丽传说。一百万亩无际的油菜花海犹如天地的吻痕，热烈而奔放，生于斯长于斯的祖辈们就在油菜花的一茬花开一茬花落中欢度着时光。2007 年 10 月 18 日，一群陌生人的到来，终于揭开了这块土地的神秘面纱，唤醒了亿万年前鲜活的生灵。

张启跃，中国地质调查局成都地质调查中心的领队，和往常一样，与同事在罗平县罗雄镇大洼子村的山上漫无目的地搜寻。就在傍晚考察快结束的时候，一块巴掌大的石头从山坡上滚落下来，石头表面有层黑色的附着物，这引起了张启跃的注意。他拿出放大镜一看，居然是一排排菱形鱼鳞的半截鱼化石。张启跃激动万分，在乱石堆中继续搜寻，终于找到了另一块印有鱼化石的石头，两块石头恰好组成一块完整的鱼化石。兴奋的他，立即与同事拿着这块化石爬上山坡去找原始基层，让他们大为欣喜的是，更多的化石就埋藏在他们脚下的这块土地。

随着利齿滇东龙、丁氏滇肿龙、云贵中国龟龙、鲎等大量爬行类及其他动植物化石的相继发现，一个生物门类多样性，化石保存完整性都举世罕见的世界珍稀三叠纪海洋生物化石库，多个门类构成的完整海洋生态系统呈现在人们面前。“罗平古生物化石群”的发现震惊了国际地质界，被称之为21世纪最重要的考古发现之一，更为“鸡鸣三省”的罗平增添了一张响亮的名片。是的，这是一片生命之海，生命曾经的喧嚣都已静默在大山深处，静默在科技工作者叮叮作响的铁锹声中。

在张启跃等考古人员攀登一座座山峰，探寻生命与生物多样性曾经的辉煌之时，在罗平的另一个地方，一个海拔仅有300多米的鲁布革布依族苗族乡，俗称猪嘴鱼的暗色唇鲮鱼苗放流活动在这里举行。这是鲁布革乡水产站刘兴最高兴的日子，他和他的团队近十年的坚守，终于为保育珠江水系珍稀鱼类找到了秘钥。

2012年，为维护珠江水系生态平衡，保护多依河濒危鱼类及其栖息的生态系统，由鲁布革乡水产站牵头，罗平县启动实施了珠江水系珍稀野生土著鱼类驯养和人工繁育工作。暗色唇鲮，是刘兴及其团队最早开展驯养的土著鱼类之一。刚开始，他没有任何经验可供借鉴，一切都要从零开始。刚从野外收回来暗色唇鲮的时候，刘兴连喂什么都不知道，更别说其生长习性。后来，通过模拟野生环境，在鱼池内建洞穴、引流水的方式，逐步摸索暗色唇鲮对食物的要求。经过反复试验，2014年，刘兴及其团队将暗色唇鲮驯养存活率提高到了20%，基本掌握了其食性和习性；2015年，实现首次产卵；2016年，成功实现人工繁育。

继暗色唇鲮之后，刘兴及其团队又成功驯养和繁育了多个土著鱼种。截至目前，成功驯养的品种达15个。其中，“一种暗色唇鲮的鱼苗培育方法”和“一种南方白甲鱼的苗种繁育方法”获发明专利。

判天地之美，析万物之理。一个故事一种感悟，在张启跃和刘兴的眼里，生命价值的等同，赋予了他们不寻常的人生脚步，一个回望生命的过去，一个追寻生命的将来，但他们都掌握着同一样的生命密码——生物的多样性！我们坚信，保护生物多样性，就是保护人类生存的未来！

守护绿水青山　建设生态文明

浙江警官职业学院　蒋易杰

“花开红树乱莺啼，草长平湖白鹭飞。风日晴和人意好，夕阳箫鼓几船归。”这是宋代诗人徐元杰笔下的诗情画意般的生活。白鹭，是沼泽湿地生态系统是否良好的指示器。我们知道，沼泽湿地，是地球之肺，对地球生态系统起着十分重要的调节的作用。曾几何时，工厂污水四处排放，农田农药化肥滥用，我们一度很难看到白鹭的身影。然而，令人欣慰的是，2021 年，作为一名业余观鸟人，我不仅看到了成群的白鹭，还有幸看到了几只东方白鹳，盘旋在十里坪的上空。东方白鹳是一种非常珍惜的大型涉禽，每年四五月份路过浙江，北上避暑。它们的出现反映出我们的生态环境，已经修复到了一定的水平。

在过去三十年间，地球生物种类整整减少了 35%，全球有

100 万动植物物种面临灭绝。看到这些数字，我的心就像被揪住了一样。但在 2021 年，我国的生态环境保护又有了重大的突破，7 月 7 日新华社发布了这样一条新闻，国宝大熊猫的受威胁程度等级从濒危降为易危，当我看到这则新闻的时候，我的内心止不住的激动，这不仅仅代表着我们对于大熊猫的保护越来越完善，也更说明了在当今中国，“绿水青山就是金山银山”这一环保理念深入人心，“尊重自然、顺应自然、保护自然”正在成为各级政府和广大民众自觉遵守的行为规范。

作为一名预备役人民警察，我深刻体会到，近几年来，国家在打击环境违法犯罪方面的空前力度，对非法捕杀、交易、走私野生动物及制品等行为严惩不贷。2014 年，“大学生掏鸟窝获刑案”成为网络热点，人们从不理解，到最终转变思想认识，实现了法制观念接受并认同的过程，体现了我国通过法治手段构建生态环境保护的坚定决心。党的十八大以来，《大气污染防治行动计划》《水污染防治行动计划》等陆续出台，2015 年，史上最严环保法开始实施。我国正在朝着共建地球生命共同体的方向上有序行进。

中国幅员辽阔，生物种类繁多，位居世界前列，这是大自然馈赠给我们的珍贵宝藏。作为一名即将毕业的大学生，一名预备役人民警察，一名普通公民，我们要牢记习近平总书记“生态治理，道阻且长，行则将至”的理念，将环保融入日常工作、生活说细微处，从节水节电做起，从垃圾分类着手，身体力行地为我国生态文明建设奉献自己的力量！

展示生物多样美　书写美丽新画卷

保山市昌宁县第一示范小学　陈广宁

非常荣幸，我生活在一座生态宜居的美丽城市——昌宁。在这里，北回归线横贯这片神秘的土地，造就了物华天宝的人间仙境。天堂山层峦叠嶂，绵亘天际；澜沧江碧波荡漾，滚滚南流。作为怒山山系最重要的一部分，昌宁境内的天堂山创造了世界自然地理上的一大奇观：亿万年来，发源于天堂山主峰松子山上的水，一面流入澜沧江，另一面流向怒江。因为澜沧江和怒江分别注入太平洋和印度洋，于是，天堂之水由此形成了“一山之水归两洋”的世界奇观。

在天堂山这座神奇美丽的原始林区里，有 33 名林区管护人员以林区为家，与动植物为伴，用勤劳和汗水守护着 8 万多亩青山，将茫茫林海抚育成昌宁的“大花园”，滇西的“绿色明珠”。

多年的生态多样性保护，使天堂山形成了丰富的自然资源和生态人文景观，也成了科考和旅游避暑胜地。松子山上的“山花浪漫”，鹅头峰上的“鹰击长空”，高山湿地的“六月黄花”，风光无限的“峻岭逶迤”……无不显示出昌宁生物多样性的富集与神奇。

说到天堂山生物多样性的富集，不禁让我想起习近平总书记曾经说过的“人不负青山，青山定不负人”。作为一名生态环保志愿者，在习近平生态文明思想的引领下，我们比以往任何时候都更加清醒、更加坚定、更加自信。因为我们只有一个地球，人类生存发展的命运始终掌握在自己的手中。只有每个人、每个集体、每个国家都爱护自然、保护环境，打造人类命运共同体，才能获得大自然更多的馈赠。

正是基于这样的认识，家乡的天堂山，也在习近平生态文明思想的滋润下，闪现出多样性保护的光彩。现在的天堂山省级自然保护区，是昌宁重要的水源涵养林区。它的主峰松子山海拔2875.9米，是昌宁境内的最高峰。因为有了8万多亩森林的存在，整个天堂林区的森林覆盖率已经超过95%。在山峦叠翠、万物峥嵘的原始密林深处，蛇雕、云豹、小熊猫等181种珍稀动物在林间漫步；树衣、桫椤、大树杜鹃、木莲、苏铁等197科806属1920种珍稀植物在这儿生长。可以说，天堂山是云南天然的动植物基因宝库，大自然的生态氧吧，家乡独一无二的自然奇观和原生秘境。

朋友们，今天，全球生物多样性丧失和生态系统退化对人类生存和发展构成重大风险，保护生物多样性就是保护地球家园、保护人类自身。改革开放四十多年来，昌宁各族人民在党的领导下，高举改革开放旗帜，与全国人民共同奋斗，谱写了生态文明建设七彩云南的壮丽诗篇。我们也有理由相信，昌宁人民必将“不忘初心、牢记使命”，在红土地上谱写出中国梦的最美云南篇章，用青山绿水真正展示昌宁广袤大地的多样之美、生态之美、和谐之美，书写人与自然和谐共生的最美画卷！

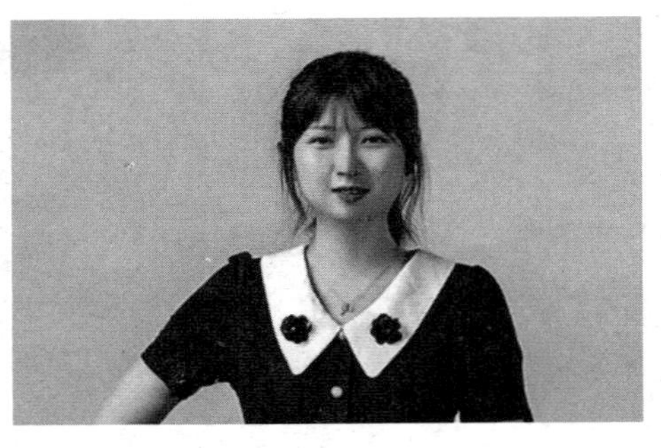

红嘴鸥欢迎您

昆明市官渡区云溪小学　黎　菲

一切美好的相遇似乎总是源于偶然。1985 年冬天，可爱的红嘴鸥突然抵达春城。人们奔走相告，一时间，红嘴鸥成了昆明的明星！诗人、摄影家都将它作为创作的源泉。每到冬天，昆明人都要去翠湖、大观楼、海埂大坝观鸥、喂鸥，与红嘴鸥来个“亲密互动”。30 多年来，红嘴鸥扮靓了昆明城，而昆明人的护鸥、爱鸥之情也越来越深。

你只要走进翠湖公园，就会看见这样一座雕像：一位老人端坐水边，面带微笑，手捧鸥食举向空中。几只红嘴鸥在老人手上、身上蹁跹环绕。这是多么安静祥和的一个场景啊！这座雕像是为退休老人吴庆恒而塑。老人生前最牵挂的就是红嘴鸥，他每月都要拿出一半的退休金买鸥粮。每年冬天，人们都会看

到老人佝偻着背，每天步行20余里，从城郊赶到翠湖给红嘴鸥喂食。他就像呵护孩子一样呵护着这群红嘴鸥，昆明人亲切地称呼他为“海鸥老人”。如今，老人已仙逝多年，海鸥依旧翔集于此。雕像矗立，故事流传。吴庆恒老人的呵护和坚守，正是昆明这座城市拥抱红嘴鸥的一个缩影。

在海埂大坝附近，住着一位名叫杨水兰的老奶奶，她的家在滇池旁边的村子里，每年冬天，每当海鸥飞来时，老奶奶就会用捡塑料瓶换来的钱买上四五袋面粉，做成红嘴鸥爱吃的鸥粮。她时常摇着木船，荡漾在清波绿水中，去给海鸥喂食。十多年来，她一直默默守护、照顾着红嘴鸥，碧水蓝天之间，海鸥翻飞，铸成了一道亮丽的风景。

30多年来，昆明人与这群白色精灵相遇、相识、相守。红嘴鸥成了昆明的一张靓丽名片，春城也成为红嘴鸥最温馨最眷恋的家园。初到昆明时，红嘴鸥只敢盘旋空中或停在房顶，眼里充满警惕。如今它们或在水中嬉戏、或在湖边漫步，有时还会跟游人撒撒娇、讨要食物，来次亲密的互动；红嘴鸥从最初的几千只，到现在已经多达数万只，还有一些红嘴鸥不恋故土留在昆明，俨然成了春城的“新移民”！

是啊，红嘴鸥是昆明的客人，更是昆明的朋友！近年来，昆明实施环湖生态修复工程，退耕、退房、退人，建成湿地5.4万亩，湖滨生态功能和生物多样性明显恢复。滇池水质不断改善，为红嘴鸥及其他鸟类提供了更好的栖息之地，湖滨湿地植物增加到290种，鸟类140种，鱼类23种。正是因为昆明人30多年来的呵护与照顾，红嘴鸥才有了昆明这样一个新的家园!

2021 年 10 月 11 日到 24 日，联合国《生物多样性公约》第十五次缔约方大会在中国云南昆明举办。来自世界各地的新朋友们齐聚昆明，共商全球生物多样性保护大计，云南生物多样性保护将开启新的征程。我们将和红嘴鸥一同欢迎远道而来的新朋友。远方的朋友啊，红嘴鸥欢迎您，让春城的小精灵为您带去美好的祝福，愿昆明的碧水蓝天永远驻留在您的心间!

让每一个生命都精彩

云南省演讲学会　辛　勤

“世界生物多样性公约大会”在云南昆明召开，地点选对了，我很高兴！

生物多样性教育是我们中华民族的传统教育。我从小就接受这种教育，牢牢记住了一句话：“天道酬勤，地道酬善，人道酬诚。”三道一体，教育我们要向天地万物学习。

向天地万物学习什么呢？

抬头看看天，天上有个太阳。太阳升起来只做一件事情，发光，发热。它公平公正公开，你富有它照着你，你贫穷它也照着你；你充满希望它照着你，你希望渺茫它也照着你；你身居高位它照着你，你跌入低谷它一样照着你！它照着你，不要你感恩；它照着你，分文不取！

让我们低头看看地，地上有水。“人往高处走，水往低处流”，那是人对水的误解。水天天向上变成云，默默向下变成地泉。它能上能下，大事能做，小事也能做。做大事，发电，它点亮万家灯火；做小事，它帮我们冲厕所。冲厕所啊！哗啦啦一声，欢笑着，还给我们一个干干净净的朗朗乾坤！

向天地万物学习什么呢？

有一次，我带着很多孩子，站在西双版纳的一棵大榕树面前。我说，这棵大榕树，很小的时候做过一个梦，梦见自己会走路。所有的木头都嘲笑它，对它说：“记住，你是木头。命里注定，木头是不可能走路的！”小榕树不服气，它长啊，长啊，长啊，长出很多气根。气根落地，生出新根，支撑着枝干向四面八方扩展，打破了“独木不成林”的迷信，实现了一树撑起一片天的辉煌！

那一天，我们还和望天树合了影。望天树，望着天，天有多高，它就想长多高。它长啊，长啊，长啊，当它长成世界第一高树的时候，它没有称王称霸。它和周边的树木形成一个命运共同体，你追我赶，欣欣向荣，兑现了“大家好才是真的好”的诺言。

在西双版纳，我们还认识了一种树，它长得很丑。没法跟人比。没法比，就不比。它一心一意长自己，长好自己，长成最好的自己。它长出一种本领，你砍我的一个枝杈，我就发出三个枝杈，砍得越多，长得越茂盛。千百年来，人们用它烧火做饭，保住了西双版纳的所有树木，保住了这个世界生物多样性的活标本！

向天地万物学习什么呢？

我带着孩子们站在南海边，看看什么叫“海纳百川，有容乃大”；我们站在泰山极顶，一起朗诵“会当凌绝顶，一览众山小”；我们站在黄河壶口瀑布，一起高唱“黄河在咆哮……”

83 个春秋，我接受的就是这样的教育；63 个冬夏，我也是这么教育我的学生。这样的教育只有一个初心，那就是让中华民族的子子孙孙都坚持“天人合一，道法自然”，一代超过一代。这样的教育只有一个使命，那就是让天道、地道、人道，三道合一，大道通天，让普天下的每一个生命——都精彩！

坚　守

昆明经济技术开发区实验小学　孔瑞华

“春来了，春来了，她在哪里谁知道？春姑娘和咱一起捉迷藏，小朋友们看谁先找到。”没错，这就是一节普通的音乐课，却也不普通，孩子们的歌声有山水相依。观山脚下，琅琅书声；马料河边，孩子们用动听的歌声锁住了春天。他们都来自昆明经济技术开发区实验小学。万绿丛中一点红的守护，原来是真的可以“没有”围墙的。

还记得让我苦恼过许久的那节课《春来了》。当时正是春天，我盼望在歌声中看到孩子们眼中的春色图。但似乎并未如意。坐在教室里感受的春天似乎和他们有些生疏，这样的歌声听起来似乎少了点什么。就在我一筹莫展的时候，我看到了这样的照片：这是我们学校的一名语文老师，她在班会课走进了

山里，春色尽染的观山公园书声琅琅，让课堂走出了“围墙”。这一刻，我找到了我那节课的正确打开方式。瞧，在鸟儿吟唱的限定款春天里，我带着学生走进山里湖边，感受自然之声。

这样的环境中也让我注意到她了，那个总爱低着头不太爱说话的女孩。她看起来有些急切，像是在寻找很重要的东西。她走向一棵小树。这棵树看上去非常娇嫩，弱不禁风，很多树干和幼枝都被折断，似乎奄奄一息。她靠着它，它拥着她，耳边传来一阵歌声，紫色的百褶裙在绿丛之间格外耀眼。这一刻，小树仿佛充满了巨大的生命力量，而这份力量是女孩给的。我在浅唱中倾听了这个故事，河畔的每一株植物都需要一位实验少年的守护，这是一株幼年的木荷，是女孩的守护，当孩子们精心为自己挑选了或高大粗壮或体态婀娜的植物时，她偏执的喜欢上这株和她一样孤单甚至濒死的植物。刚见到它，它身上出现许多红褐色的病斑，是耐心的修剪、用心的培育让它存活至今，“老师，我不懂我的爸爸妈妈，但是我很懂它”。她说着抬头的那一刻，眼睛里的星辰大海，还有被阳光抚慰过的笑容，都是那个春天最美的样子。

后来，小女孩转学了，我也再没遇见过她。但每当我经过这片树林，都会驻足眺望，看见的是那株木荷正迎着阳光茁壮成长。我想，她现在也一定会把普通的生活过得光辉灿烂。与其说当初她的细心呵护拯救了这棵小树，不如说这片树林也将这一抹绿照进了她的心里。她们互相陪伴，彼此治愈；而我，也找到了这首歌最好的诠释。

孩子是属于大自然的，大自然也是最好的老师，蕴藏在我们周围的自然教材总能激发和满足孩子无限的求知欲。我们学校倡导“没有围墙的校园”，还给孩子们与大自然的亲密接触的机会。瞧，这是孩子们在观山公园采集材料制作的小鸟喂食器，摆放在校园里、公园里，他们实实在在地感受和体验，用他们的方式在守护学校的这片绿。他们得到的不仅是快乐，更重要的是得到了可持续的发展。这片绿见证着实验小学走过漫长岁月，也陪伴了孩子们的春秋四季。

我见青山多妩媚，青山见我应如是。在这里，师生与绿水青山对坐，呈现的更是人类与自然生态和谐共处的画卷。在观山与马料河的守护下，我们学校用点滴教育珍藏着这幅山水图，也一同保护了云南生物多样性这张名片。

今天，山水不在画里，山水在实验小学里。

撑起生态安全保护伞

云南省城乡建设投资有限公司　俞文杰

近日，几场雨浇透山野之后，千奇百怪的野生菌破土而出，云南人的餐桌上，一年一度的野生菌盛宴如期登场。网络神曲“红伞伞，白杆杆，吃完一起埋山山……”走红大江南北，云南人以调侃的口吻，在网络上刮起了野生菌风潮，引得全国人民哈哈大笑。

在云南楚雄市南华镇，天刚蒙蒙亮，杨大爹带领着孙子二娃沿着山间小溪，一头扎进了云雾未散的群山之中。也许你叫二娃暑假八点起床写作业，他是不会乐意的，但如果你叫他六点进山“捡菌子”，说不定他五点就嚷嚷着要出门了，真是应了那句网络名言：“没有什么能够阻挡，云南人对菌子的向往”。老人们常说“找鸡纵菌就要先找到白蚁窝”，杨大爹倒是轻车熟路，直奔往年留下的“菌窝子”处，一铲下去就是一窝鸡纵菌，还特意叮嘱二娃，“捡菌子要有度，留一窝来年再捡，全部都打完了么2022 年好没得吃喽”。菌子的采摘之道，冥冥中透露着人与自然和谐共生的真谛。

追溯云南野生菌的食用历史，古书《滇南杂志》中有记载，“土人盐而脯之，若熬液为油，侵溢喉舌间，为滇中佳品。”可以说，食用菌伴随着云南人经历了悠久的岁月，又以其独特的韵味，给人魂牵梦萦的味觉享受和艺术体验。

记得还在上小学的时候，生物老师给我们介绍道：云南是动物王国、植物王国、有色金属王国、野生菌王国。据统计，云南 129 个县（市、区）都有野生菌的分布，种类多达 882 种，占世界全种类的 43%，占中国全种类的 91%。到了高中，我更深入地了解到，在生态循环系统中，微生物作为分解者，可以将动植物遗体分解成简单的无机物，像水、二氧化碳和无机盐，这些物质又被绿色植物吸收利用，物质和能量得到了循环，实现动态平衡。老师还说，假如没有微生物，那么地球上的一切生命都将不复存在。没想到，小小微生物其实对于人类生存能起到决定性作用；更有研究发现，微生物在食品安全、医疗、太空技术领域具有举足轻重的研究价值，保护微生物的多样性，就是在给未来的科学研究留下无数的可能性。

然而千百年来，与云南人朝夕相处的野生菌，近些年却在遭受灭顶之灾。随着美食节目的热播，云南野生菌引来全国食客，朝圣这“大自然馈赠”的人间美味，野生菌是供不应求。只是同古时留有余地的采摘方式不同的是，在“野生无主、谁采谁有”的思想观念怂恿下，“掠夺式”采摘，加之对生态环境的肆意破坏，让云南部分地区野生菌资源几乎绝迹。这不仅是“吃不到”的问题，更为严重的是物质与能量无法循环，当地生态系统走向了不可逆的崩溃边缘。

习近平总书记在考察云南时指出：“云南要努力成为全国生态文明建设的排头兵。”2021 年，COP15 大会在昆明举办，作为北回归线上唯一的“生物多样性绿洲”，守护好云南的生态安全、生物多样性安全，是每一位云南人的使命必答题。云南省委省政府也重拳出击，打响了“蓝天、碧水、净土”三大保卫战。

在中国科学院的指导下，《野生菌保护（南华）宣言》得以发布，野生菌的培育、采摘、科研、深加工、交易等行为得以逐步规范。保护好微生物，使生态循环系统得以健康运转，发挥好野生菌在保护生态系统稳定、促进森林草原发育、防治水土流失上的功能作用。让云南既要有绿水青山，又要有金山银山。

作为云南人，我衷心地希望在很多很多年后，我也能像杨大爹一样带着孙子进山捡菌子。红伞伞、白杆杆，小小蘑菇撑起生态安全的保护伞。我提议，我们要有节制地采摘野生菌，每一个云南人都行动起来，主动地为生物多样性撑伞。

保护生物多样性就是保护我们的生活

云南师范大学华文学院　［越南］段氏蓉

众所周知，生物多样性是地球上生命有机体几十亿年发展进化的结果，它不仅给人类提供了丰富的食物和药物资源，而且在水土保持、调节气候、维持自然平衡等方面也起着不可替代的作用，是人类赖以生存和发展的物质基础。生物多样性丰富程度已成为衡量一个国家综合国力和可持续发展能力的重要指标。生态环境是宝贵的，是美好的，但同样也是脆弱的，我们应该好好珍惜它、保护它，才能让我们的地球变得更美好。

中国全国有 26000 多种高等植物，我们云南就有 15000 多种，占全国高等植物种总数的 56.7%，低等植物更是数不胜数，还有不少本地独有或全国珍稀的植物。云南因为气候好的缘故，向来四季如春，所以，除了青山绿水和靓丽的风景外，最重要的是云南四季都能看到“如梦般的花海”。除了植物还有很多很多种动物，这里是它们在地球上仅存的乐土。云南素有“动物王国”“植物王国”“天然大花园”等美称。生命就应该多姿多彩，生命就应该绚烂如花；生物多样性就是生命，生物多样性就是我们的生命。

有了这么得天独厚的自然资源优势和环境优势，保护好云南生物多样性的重要意义不言而喻。保护自然是人类未来的需要，更是当代生活的需要。那么如何保护好生物多样性?

第一，就地保护，大多是建自然保护区。

第二，迁地保护，动物大多转移到动物园或把植物转移到植物园。

第三，保护不仅是零干扰还需要有适度的管理（有一些动物，植物需要有人类的帮助)。

第四，国家要开展生物多样性保护的科学研究，制定生物多样性保护的法律和政策。

第五，每一个人都有责任保护生物多样性，加大对保护生物多样性的宣传和教育。

你们想让你们的孩子生活在没有生物的环境中吗?如果我们不保护，那后代子孙只能在书上、视频里看到丰富多样的生物；他们就无法在绿色的森林中畅游，不能呼吸到新鲜的空气。大自然是友善的，也是慷慨的，万千植物、动物都是来自大自然的馈赠！所以我们不能坐着不动，我们应该行动起来，一起努力保护我们的生物多样性，保护我们美丽的地球村。我相信：只要我们做好了以上这几点，生物的多样性就不会再迅速地减少，或许再也不会减少。我们一起行动吧！

天地人和万物生　共建地球生命体

珠海市十字门小学　王　婧

在浩瀚的宇宙中，有这样一片神奇的土地。

它位于中国西南边陲，陆地边境线长达 4061 公里。

与缅甸、老挝、越南 3 国接壤，同时，又与四川、贵州、广西、西藏 4 省相邻。它是中国生物多样性最为丰富的省份。

在漫长的历史发展中，26 个民族在这片奇妙的红土地上，形成了与生物多样性息息相关的各具特色、丰富多彩的民族文化。

丽江古城、三江并流、石林、哈尼梯田、西双版纳热带雨林等世界旅游胜地都在这里！

这里，就是被誉为“动植物王国”“世界花园”“世界物种基因库”的云南！

中国最早的元谋猿人在这里被发现，历经了170万年的变迁，这里仍旧是最适宜人类生存的理想家园。

今天，我想用7个字来讲一讲云南的生物多样性故事，那就是："天地人和万物生。"

在云南的天与地之间，最高海拔是被全球公认为"雪山之神"的神秘"处女峰"——6740米的香格里拉梅里雪山卡瓦格博峰！它也是唯一一座因文化保护而禁止攀登的高峰，至今还没有人能够掀开她的神秘面纱。

而最低海拔呢，则是位于红河州河口县城西南端的南溪河与红河的交汇处，仅有76.4米。这两条河，一清一浊，一蓝一红，形成了泾渭分明、一水两色的自然奇观。

最高海拔和最低海拔之间，相差可有6663米。

不仅如此，在云南，1000千米的范围内，就可以涵盖7种气候类型，雪山、草原、湖泊、热带雨林应有尽有。

云南特殊的地理位置，立体的气候环境和多样的地形地貌孕育了极为丰富的生物多样性。

但是，随着人口的迅速增长，人类经济活动的不断加剧，物种灭绝的速度也在不断地加快。大量基因丧失，不同的生物、生态系统面积锐减。"生物多样性"不再只是一个环保概念，而是涉及自然与文化多层面的生命共同体。在保护生物多样性的重任中，云南省应该说是责无旁贷的。

说到"天地人和"中的"人"，映入我脑海的是一群穿梭在莽莽丛林里那些"不为人知"的人。他们身穿迷彩服，背上背包、干粮、砍刀和相机，跋山涉水，风餐露宿，与山林鸟兽为友，这些就是我们山林巡护队员们的工作常态。用他们的话说：山里吃人的多，人吃的少。工作条件可谓是异常的艰苦危险，但是，巡山也是神圣而光荣的。高黎贡山国家级自然保护区泸水专职巡护队队长何贵品就曾经说过，“最有成就感的是参与怒江金丝猴的发现和保护。”2011 年，他和同事拍摄到一种黑色的猴子，后来经提取其粪便和毛发做 DNA 鉴定，证实为金丝猴新种，中国灵长类专家组将其命名为“怒江金丝猴”。

村民从“靠山吃山”转变为“守山护山”。带头植树造林、封山育林，示范种植咖啡、核桃、板栗等经济林果，发展观鸟旅游……高黎贡山农民生物多样性保护协会探索出的生态保护的社区共管模式，走出了一条不砍树也能致富、让绿水青山变成金山银山的成功之路。

“天地人和万物生”，云南在保护生物多样性中的成功案例不胜枚举。据统计，近 30 年来，全国有超过 1/3 的新物种均发现于云南，所以说，云南也是全国发现新物种最多的省份。“争当生物多样性保护排头兵，建设全国生物多样性保护样板区”，为实现美丽中国梦，云南一直在行动！

2021 年 10 月，令人翘首以盼的联合国《生物多样性公约》第十五次缔约方大会 COP15 在云南省会昆明隆重举行！云南昆明展开它绿色生态的春城翅膀，热情拥抱来自世界各地的人们！

感恩的心

科威特中国北京健康学院　李　振

我很高兴参加联合国《生物多样性公约》第十五次缔约方大会的演讲比赛。请允许我和大家分享一个真实的故事：7 月 20 日古尔邦节，我吃过晚饭到楼下散步。忽然感到腿边有毛茸茸的东西在动，我低头一看，惊喜地发现是我两年前救助过的小黄猫，它身后还跟着三只幼猫。我蹲下来用手抚摸小黄猫的头，它闭上眼睛发出温柔的叫声。它围着我的身体转圈，并用头、身体和尾巴从我的手指轻轻划过，温馨而美好！

我的思绪一下子回到了 2019 年 3 月，我开车去科威特芬达斯超市购物，回来经过垃圾桶旁，听到一声微弱的小猫叫声。好奇心让我走近一看，原来是刚出生十几天的一只小黄猫，眼睛红肿生眼屎，屁股上有一块黑乎乎的东西，大便不通，不能行走，奄奄一息。如果不及时治疗，可能活不过 24 小时。

出于人性的善良，我将这只小黄猫带回家治疗。我用棉签蘸清水将猫的发炎处清洗干净，用牙签将屁股处堵塞物挑出，再涂上中国生产的红霉素药膏，用奶瓶一滴一滴喂小猫喝牛奶，并用棉花将它包好放在纸箱里。经过十几天的精心救治和喂养，小黄猫终于恢复了健康，行走自如。天天和我玩，逗我开心！给我带来了许多乐趣。6 个月后，我将这只健康、快乐的小黄猫放回了大自然。让它寻找自己的朋友，建立自己的家庭。

三只幼猫也加入了转圈的行列，将我从回忆中带回现实。现在的小黄猫已经是三个幼猫的妈妈了，它是带着三个孩子来向我感恩的吗？我看着这些可爱的小家伙，心里乐开了花！我从家中拿来牛奶奖励它们，看到三只小猫吃得特别香甜！而小黄猫并没有吃，只是站在旁边看着自己的孩子们。等到三只幼猫都吃饱了，小黄猫才低头喝牛奶。我看到了母爱的伟大，也看到了动物世界和谐相处的美好！

在科威特疫情蔓延的一年多时间里，我在客厅种植了绿萝，培植了芦荟，还有月季、玫瑰花，养了两只快乐的小鸟。绿萝、芦荟净化空气，月季、玫瑰花带来芳香，小鸟在歌唱。减少了因疫情带来的生活压力，我从生态多样性和生态文明中得到了实实在在的好处。

习近平总书记说：“绿水青山就是金山银山。”云南山清水秀，人杰地灵，生物品种繁多，这是大自然的馈赠，我们要学会感恩。同时这样的优美环境、丰富资源，我们要学会保护。发展旅游业，振兴云南经济，造福云南人民。我们要自觉养成爱护动物，培植优良生物品种，保护生态环境的良好习惯。

我从小在中国长大，接受祖国的良好教育，才有今天走向世界的能力。饮水思源，小猫都知道回来报答救命和养育之恩。作为人，我更应该感恩祖国的培养，讲好中国故事，宣传云南在生物多样性保护方面取得的成果和经验。向外国友人介绍云南产品，推广云南设备，助力云南经济发展。在自己最能起作用的领域发挥优势，发挥好桥梁和纽带作用。

李志勤教授说："七彩大地需要多样生物，幸福社会需要多姿生活。"让我们用习近平主席生态文明思想武装头脑，为建设生物多样性、生态文明的七彩云南献计献策。讲好云南故事，让世界了解丰富多彩的云南，也让云南走向世界，更好地振兴云南经济，构建人类命运共同体，在更大的舞台上发光、发热。我相信云南的明天会更加美好！

恢复生物“家园”本色

曲靖市富源县后所镇党委　袁　娇

唐代诗人白居易云：“日出江花红似火，春来江水绿如蓝”，让人朝思暮想；南北朝民歌“天苍苍，野茫茫，风吹草低见牛羊”，令人魂牵梦绕。

当前，全国上下正以超常规的举措践行“绿水青山就是金山银山”的理念，全面推动生态文明建设。我的家乡富源，就是云南省全面推动生态文明建设的一个小小的缩影。

小时候，家门前的小河承载了整个童年的快乐，河水静悠、水草柔柔、鱼虾成群，时光就在我们打鱼摸虾的嬉戏声中溜走；家门后的茂密树林里，我们放牛、找柴、捡菌，漫山遍野的马缨花是我们见过最美的风景……

富源素有云南东大门之称，全县总面积 3348 平方公里，含

煤面积1088平方公里，地质储量达204.7亿吨，自改革开放以来，富源县把握住了煤炭产业这个发展的好机遇，大力开采煤炭，推动经济社会迅猛发展。

然而，伴随着煤炭产业迅猛发展而存在的问题也日益突出，房屋开裂、村庄塌陷、水资源枯竭、地表生态环境破坏，河里的鱼虾越来越少，有的小河甚至干涸；好多野生菌莫名消失，马缨花也不再如期绽放……

“天育物有时，地生财有限”。为此，富源县委县政府花大力、投人力、拼全力解决生态问题，建设绿色富源、美丽富源、生态富源。如今，稻花香里说丰年，流目瞩林一片绿。

其中，十八连山自然保护区就是生态文明建设成果最好的印记。这里草木葳蕤，郁郁葱葱，大自然生机盎然，展现着生物多样性之美。清洌的泉水、苍翠的植被、猴子嬉戏，在这里既可以欣赏“槿花篱落竹丝长”，又可以听闻“鸟鸣山更幽”。更为了不起是，年初，这里还发现了六亿年前寒武纪繁衍的生物——索氏桃花水母、国家二级保护植物扇蕨和6万余只成群翱翔的麻雀。据了解，截至目前，全世界一共发现11种桃花水母，索氏桃花水母，虽然它分布很广，不过却濒临绝迹了。研究者认为，从桃花水母的挑剔程度来看，是可以证明当地水质环境良好无污染的。而据资料记载，扇蕨仅在我国的云南省和贵州省的西南部，以及四川省的西部地区有分布，是中国特有的一个物种，现在被列为我们国家的二级保护植物，在富源县还是第一次发现。现在，保护区周边的村民对长期出没的猴子、麂子、岩羊、穿山甲、蛇类、鸟类等野生动物津津乐道，每一个人都有了共同呵护动物、保护植物的思想认识和自觉行动。

2020 年，习近平总书记在联合国生物多样性峰会上通过视频发表重要讲话时强调：“当前，全球物种灭绝速度不断加快，生物多样性丧失和生态系统退化对人类生存和发展构成重大风险。新冠肺炎疫情告诉我们，人与自然是命运共同体。我们要同心协力，抓紧行动，在发展中保护，在保护中发展，共建万物和谐的美丽家园。”

云南积极响应这一号召，全力为品种多样、名目繁多、生长健康的多样性生物筑起安全屏障。2021 年 10 月，联合国《生物多样性公约》第十五次缔约方大会在云南昆明举行，彩云之南将向全世界展示最良好的自然生态环境和最丰富的生物多样性资源。

你看，这里绿水腾逶迤，青山叠峰翠！

你瞧，这里水母自由行，扇蕨突生长！

你听，这里泉水叮咚响，百鸟欢歌唱！

竞相传唱的是绿水青山就是金山银山，竞相描绘的是生物“家园”本色！

共建绿色家园

昆明市阿惠家政服务中心　毕惠仙

展望春城蔚蓝的天空，大地锦绣，万物生灵。我们伟大的祖国，山河奔涌，气象万千。当我们欣喜地迎来联合国《生物多样性公约》第十五次缔约方大会在昆明召开时，作为东道主的我们倍感自豪。朋友们，共建绿色家园，风景这边独好！

仰望蓝天白云，我们为美丽的昆明而自豪。我的家乡在昆明市石林县，那是神话传说中的仙境，是阿诗玛的故乡。绿色生态观念一直是我们撒尼人自古就有的传统观念。彝族有一个节日叫“密枝节”，主题就是对绿色家乡的守护，对自然和生命的敬畏与朝拜，谁破坏了我们的山林，谁就要受到众人的鄙视和谴责，所以我们的家乡世世代代葱绿无比。

彝家兄弟姐妹勤劳善良、能歌善舞，背起大三弦，唱起敬酒歌，三天三夜跳脚也不嫌累。因为我们守护的家乡山山水水太美了，大自然赋予我们得天独厚的生存环境，祖国为我们铺就小康之路，各民族同胞过上了幸福美好的生活。

当年，我从小山村里出来考上了大学，有了稳定的工作，但因工厂倒闭我下岗了。可喜的是我乘上了改革开放的高速列车，走上了自主创业的路，成立了昆明市阿惠家政服务公司，带着家乡的兄弟姐妹为昆明市民做家政服务，为美化城市默默付出。二十年来，阿惠家政积极响应党委政府加快生态治理和环境保护的号召，以诚信优质和绿色生态打出了自己的品牌，“做家政找阿惠”“阿惠与您共建绿色和谐家园”已成为社会的共识。至今，我们服务的客户遍布大街小巷，我们把优质的服务和生态环保理念带给了春城人民，促进了他们对美好生活的追求。我们的服务先后获得 200 多项荣誉和奖项，我也荣获全国三八红旗手、全国巾帼创业带头人、全国道德模范、省市十大创业女杰等多项荣誉。共建和谐绿色家园靠的是我们的爱心、善心与友情。阿惠家政服务人员用自己的汗水，换来了客户家庭的美好生活与温馨舒适的环境，为建设绿色家园增光添彩，贡献了自己的力量。

出于对保护生态的使命感，也源自对绿水青山故乡的眷念，种植花草是我的爱好。在公司办公区域侧边有一条长长的通道，我把它装扮成美丽的花园。我从家乡带来种子，嫁接移木搬来盆景，不知不觉花园品种繁多，春天百花绽放，夏秋葡萄、无花果、柠檬等挂上枝头，连小鸟都被花园吸引过来。这里是我和员工休息、交流的共享之园。

社会的和谐需要我们真诚地付出，绿色的家园需要我们共同维护，做环保义工，是我们阿惠人的责任！几年来，我们一直免费为状元楼和周围环境打扫卫生；新冠肺炎疫情发生以后，我们坚持参与金汁河边绿化整理，免费清理枯枝、全面消毒杀菌等相关工作。

在推动“百城万村”家政扶贫计划中，我多次带领公司保洁技术能手，开展与昆明周边贫困村的对接，帮他们改善人居卫生习惯，树立绿色生态环保意识，助力“美丽乡村女子学堂”培训苗族、白族、彝族等少数民族妇女家政技能，把家居打理成“美丽庭院”。

习近平总书记说：“面对脆弱的生态环境，我们要坚持尊重自然、顺应自然、保护自然，共建绿色家园。面对气候变化给人类生存和发展带来的严峻挑战，我们要勇于担当、同心协力，共谋人与自然和谐共生之道。”

在这个世界上，“绿色生态”是永恒的丰碑，作为地球村的重要成员，草木葱茏，绿树成荫，鸟语花香，空气清新是我们梦寐以求的家园。保护环境，建设绿色家园，应从身边的事做起，自觉传播、实践人与自然和谐与共的绿色文明理念。

为迎接世界生物多样性大会在昆明召开，我们会把服务工作做得更好。用我们的敬业和努力，保护自然，保护生物多样性，共建绿色家园，让城市更加美丽，让空气更加新鲜，让人民的生活更加幸福美好！

喜迎盛会

云南康旅集团　潘家乐

美丽的云南，迎来世界生物多样性会议在昆明召开。作为云南人，我感到十分自豪！云南，是生物的天堂，是地球生命共同体最好的象征，是一个快乐的生物多样性家园。

今天我要分享的故事是“快乐的大象”。

近几个月来，世界的目光集中到了大美云南，“大象去哪儿了”成为我们特别关注的话题。我总是遐想，人可以背起背包说走就走，世界各地游一游。但如此笨重的大象家族也想看看外面的世界吗？

不久前，原本循规蹈矩生活在云南西双版纳自然保护区的一个家族 15 头野生亚洲象，包括一头“身怀六甲”的母象也离开老家，优哉游哉一路北上，经普洱、玉溪等地抵达昆明晋

宁区。通过无人机的拍摄，我们看到极其可爱的小象在旅行途中诞生啦！快乐的大象群玩出了戏水、小象过水渠、洗澡、醉酒等等花絮。每到一处，好客的云南人就用“好菜好饭”接待它们，玉米地、蔬菜地、果园、香蕉林、农家小院、洗车场水池，随便它们逛，想吃什么就吃什么，生怕它们吃不饱，当地组织群众一麻袋一麻袋装上大象爱吃的食物送过去。人与大象和谐共处，满满的都是爱啊！

快乐的大象用自己粗壮的大腿、厚实的大脚在云南境内整整周游了 500 多公里，优哉游哉又跨过元江大桥，回到普洱，领头大象心里肯定在嘀咕：“唉，外面的世界尽管好，看看就行了，千好万好不如自己的家乡好，咱打道回府！”哈哈！

据专家说，快乐的大象们出游是想寻找更加适合它们的栖息之地，天涯何处无芳草啊！但咱们“在惯的山坡不嫌陡”，云南人和云南的动物都是快乐的“家乡宝”哦！

大象们这潇洒的一走，引起国内外广泛关注。中外媒体记者扛着“长枪短炮”，竞相奔赴云南，“全民观象”盛况空前。连我都是每天早上起床，第一件事就是打开手机看看大象们走到哪里了，特别关心小象有没有吃饱。当看到大象偷吃酒糟醉倒在农家院子里时，哈哈！我都笑出了眼泪。大象给我们大家带来了快乐，你们说是吗？

随着 COP15 的临近，我不禁遐想：可爱的大象会不会是想参加本次会议，来担任特殊礼仪嘉宾呢？

我们云南人一直是和各种动物、生物和谐共处的，为了保护生物多样性，建立了亚洲象保护区、金丝猴保护区，等等。

野生大象群在一路北行中，途径密林、农田、村落和城市，损坏了当地的田地和民居，造成不少财产损失。但我们的政府和民众却十分友善，没有任何人伤害大象。有关方面使用无人机追踪观察象群踪迹，及时保护和疏散群众，清路给象群开道，并按时投食让象群吃饱喝足，逐步引导象群有序返回家园。国家在保护生物多样性的行动上做出了卓越的贡献，各种保护措施让大象享受了一趟近乎完美的“旅行”。一群快乐的大象，给即将召开的生物多样性公约第十五次缔约方大会，拉开了有趣的序幕。

朋友们，让我们以习近平总书记“生态文明思想”引领美丽中国建设，保护生态环境，共同维护世界生物多样性，共建生命共同体。致力于构建人与自然和谐共处的美丽家园！

美丽中国，我是行动者

红河州青少年宫　潘海燕

2018 年 10 月 12 日，有好心市民向森林公安机关送交了一条奄奄一息的大蛇，长约 2 米，重约 8 公斤，尾部有 2 处较大伤口，而且皮肤和肌肉已有较大面积的腐烂。

经鉴定，这条大蛇就是国家一级重点保护动物缅甸蟒，经过一番检查，几位民警在经过与执业兽医会商后，他们决定给这条大蟒实施清创手术。每次手术主要是剔除腐肉、消炎和缝合，经过 3 次手术后，这条蟒蛇一直拒绝进食，身体也变得越来越虚弱。民警们担心，如果这条蟒再不进食，大家所做的努力可能会付之东流。如何给蟒补充营养和能量？一位民警冥思苦索，想了很多办法，最终采取了通过一根导流管向蟒的嘴里直接灌注流食和药物的技术方案，才让这条受伤的蟒蛇逐渐恢复体力，康复如初，次年入春，将之放归大围山国家级自然保护区。

一直关心、主导蟒蛇救助的民警，叫张琦，红河州原蒙自市森林公安局民警，2020 年荣获百名最美生态环保志愿者。提起张琦，在保护生物多样性和野生动植物领域不算陌生，他从上初中时倡导成立“中小学生环保志愿队”开始，致力于生态保护已有 21 年。他经常说：“保护好人类赖以生存的环境和大自然的‘精灵’，其实也是保护好我们人类共同的家园。都说云南省是‘动物王国’和‘植物王国’，而红河州就是这一王国中的‘藏宝库’，这里可看、可做、可保护的物种多样性、遗传多样性和生态系统多样性实在太多了。”

无独有偶，每年入冬之后，云南鸟类迁徙将迎来一年之中的最高峰。蒙自坝区恰巧处于我省西部和中部鸟类迁徙路线的交汇点，鸟类资源异常丰富，被国际鸟盟列为中国第 246 号重点鸟区。每天清晨天微微亮的时候，张琦就得潜行进入湖边的湿地，用望远镜、照相机观察和记录鸟类的种类和数量，建立“户籍档案”。有时为了能观察到望远镜不能及的湖中央，他们还得蹚水进入。即使是在北回归线附近的长桥海，可到了冬季，水温也一样冰凉刺骨。到了傍晚，还得重返一次进行观鸟，查看变化。张琦的观鸟活动还有一个与众不同特点，在每次大幅度降温降雨的时候，他都会组织志愿者一道去长桥海、大屯海边上走一走。有些幼鸟或者体力不支的鸟类往往在这种极端天气下会被迫停留，因此更容易救助到它们。在志愿者的众筹支持下，红河州已建立起第一个猛禽临时救护站，蛇雕、普通鵟、灰林鸮等鸟类相继得到救助放归野外。据统计，近 5 年来，张琦协助鉴定并解救的野生动物达到 2148 只（头、条），而这其中不乏有国家一级、国家二级重点保护野生动物。

一个人的力量是有限的，我们呼吁更多的人参与进来，像保护眼睛一样保护我们的绿水青山，保护生物的多样性。以自然之道，养万物之生，将“心中的生物多样性”变为“现实中真实所存的生物多样性”，为地球生命共同体的建设添砖加瓦，贡献自己的一份力量!

专家点评

生物多样性　你我鼓与呼

——COP15 国际网络视频演讲大赛汉语成人组决赛点评

云南省演讲学会会长　李　暾

大家好！

第一次听到“生物多样性”这个词是 20 世纪 90 年代，当时我作为云南民族中学首任校长，在上级部门的支持下开展了中美中学生生物多样性项目合作交流，我们也曾派出教师到美国学习交流。2020 年 9 月 30 日，我们国家习近平主席在联合国生物多样性峰会上向全球发出了“春城之邀”，“生物多样性”

这个词才逐步走进了寻常百姓家，逐步让我们的全民了解生物多样性的内涵。而今天的55位选手，你们精彩的演讲深化了生物多样性的价值和意义，丰富了生物多样性的现实境况和未来前景。由此，我想以“生物多样性”为中心语开始今天的评论，请大家指正。

首先说“生”。一说“生”，大家都很清楚，生命、生存、生产、生活……都含有“生”，这与我们息息相关。生物多样性和人类的生存和发展息息相关，是人类社会前进和福祉的基本条件。今天的选手给我们展示了——就从云南的角度来说，让我们走遍了云南的高山大川，从玉龙雪山到乌蒙山，从哀牢山到帽天山，从香格里拉到西双版纳，从三江并流到珠江源头，我们把整个云南走了一圈。欣赏了云南山和水的壮丽，聆听了云南动物的呼唤，观看了云南植物的美妙，感受了云南奇特的生物多样性。而来自海外的选手，你们也让我们领略了邻国的生物多样性和我国的生物多样性息息相关。

来自越南的51号选手陈忠德的《中越两国的生物多样性保护》，大量的内容讲了中国生物多样性保护的成果，同时讲了越南生物多样性保护的情况，最后由衷地许下良好的心愿：随着中越两国以及世界各国对保护生物多样性工作重要性的认知与深化，相信世界各地的森林面积会不断增加，空气、水源、土壤会不断得到净化，为人类以及地球上所有生物营造更安全、更优越的生活环境，相信人类与自然都会得到最好的发展。我觉得这位选手的汉语讲得挺好，他对云南以及中国的生物多样性保护成果了解得很透彻，说明他也有一颗爱中国的心啊！

来自缅甸的28号选手江妮妮的演讲，她的开场白挺有意思，她从新冠肺炎讲起，这是目前全球还在蔓延的危害人类的一种病毒，有研究表明：新冠病毒是与野生动物共同进化、长期共存的微生物。她讲到如果说新冠病毒引起的是肺炎，那么生态缺失破坏就是人类的肺癌晚期，生物多样性完全被破坏，肺癌晚期就难以救治了。因此，保护生物多样性，不仅要保护基因、保护物种，还要保护生态系统的平衡。她谈到了小时候自己的国家、自己的家乡生态如何被破坏的痛心场景，所以她做了志愿者去参与生物多样性的保护工作。她得出的结论就是生物多样性的保护重要，使自己意识到人类在灾难来临之时，谁都不能独善其身，不分民族和国家，你我都是地球人，我们同生存，共命运。因此，我们要一起行动——《守护我们共同的地球家园》（参赛题目）。这就是和谐共生啊！这里又是一个“生”。“和谐共生”也就是我们的习近平主席提出的“共建人类命运共同体”。所以从一个“生”，从个人的“生”，到一个区域的“生”，再到全球的“生”，所有生物的“生”，我们人类和地球生物都要和谐共生。

其次说“物”。这包含物质、物体、物品等。古人造字很简单，“牛大为物”，人类进入农耕社会，牛是最大的，“牺牲”就是最高的供祭，又是实实在在的祭品。我们的演讲要有“物”，就要言之有物。今天我们选手讲了自己的所经所历、所见所闻、所感所受，把自己放进去了，你讲的就有“物”了，言之有物，有血有肉，有情有义，打动我们评委了。这就是“物”，你不是空谈，因为“生物多样性”很广泛啊，你要把这些讲清楚，就要从你身边的人和事讲起来。整个生物界当中最核心的是“人”、是人物呵！动物也好，植物也好，微生物也好，等等，我们人是占主导地位的。人在其中，人怎么发挥自己的主观能动性，人做好了，生物界也就平衡了，生物多样性也保护好了；人没有做好，生物多样性遭到破坏了，生物界就有肺癌晚期了。

16 号选手那文婷的《法之盾——检察官与西黑冠长臂猿的故事》很巧妙地讲了一个问题，很深刻。西黑冠长臂猿在村子里闹，村民爱它，这是本能呵。从法官来说，他也爱这个长臂猿，取的名是“小平安”，但是从法官的职责来说，“小平安”是猿类，它也会有其他疾病，也会有危害人类、对人类健康影响的疾病，因此就从保护、救助的角度，法官们救助了西黑冠长臂猿“小平安”。按常规来说法官要讲依法打击贩卖野生动物的事情，但选手没有讲打击的事，而是讲了法官们在保护、救助野生动物的故事。严肃、严厉、严格的法官通常形象，一下子成了温柔、温暖、温情的亲切护法者。这个角度的转换，就把我们中国法官在野生动物保护方面既有打击贩卖的一面，更有救助善心的一面体现出来了。这位选手组织得很好，她说到在保护生物多样性的进程中，执公益诉讼之盾应用法治的力量保护生物多样性，就像一个无形的盾牌坚守着最后一道防线，是不可或缺的重要一环。离开了法律之盾的保护，生物多样性就会失去有力保障；法律不仅保障人权和尊严，也保护着野生动植物的生存和环境。也就是说“法之盾”是保护生物多样性的最后底线，是最后之盾；如果“法之盾”没有了，那么生物多样性就遭到破坏了。这就是“物”。言之有物以外，这位选手还晓之以理，动之以情，把“人”这个生物界中的主导地位凸显出来了。

第三说“多”。此次决赛选手多，55位选手演讲了，很少有演讲大赛一次就有这么多选手登台呵！大家讲的题材多、内容多，很丰富、很实在。我今天听19号选手何宏波讲《与蝴蝶“约会”的温老师》才知道什么叫“温氏金苔蛾”。选手讲了与蝴蝶做伴的那位主人公温绍奎老师，曾经遇到生成概率只有十万分之一的阴阳蝶，多次经历蝴蝶大规模聚汇奇观，拍摄到有趣的京剧脸谱昆虫，多年来记录了云南的1300多种蛾类，饲养了100多种蝴蝶幼虫，获取了大量珍贵的科研资料。2019年11月，温老师在陆良县芳华镇发现一种从未见过的飞蛾，立刻被迷住了，虽然手脚被岩石磨破和树枝挂得鲜血淋漓，他不顾伤痛，冒着生命危险继续寻找，终于找到了那只飞蛾。后来经中外专家联合鉴定确认为新物种，并根据国际公约以这位温老师的姓氏来命名了他发现的这种飞蛾叫“温氏金苔蛾”，填补了一个空白。这正是从来没有过的“多”，让我们多“涨知识”呵。

第四说“样”。今天的选手，不管你偶尔失误，但是你能登台了就是一种成功。有位选手一登台开讲就紧张了，不用说你，我想那条蟒蛇我看到也会紧张的，为什么？8公斤的大家伙呵，但你能登台讲就了不起了。很多选手讲得有血有肉、有声有色、有模有样呵。你听，咱们83岁高龄的35号选手辛勤老师一上台，整个气场就上来了。本来你有所沉寂，低下的头抬起来，腰也直了起来。英雄不减当年勇啊！这就给我们做了很好的示范。演讲演讲，不单纯是讲讲故事，轻声细语，娓娓道来，还要有抑扬顿挫、轻重缓急，阴柔之美还需要有阳刚之气，感召人、激励人、鼓舞人、给人力量、催人奋进。辛勤老师 83 岁高龄就给我们树立了样板。什么叫演讲？83 岁的老人今天还那么有劲有力，可想而知，在你们年龄段时那他的演讲正是威震四方呵！辛勤老师给咱们展示的这不仅仅是表现形式上的“样”，还有《让每一个生命都精彩》演讲内容上的“样”，连同今天选手们给我们讲述了不少生物多样性保护的榜样、楷模。

你听 29 号选手杨雪的《追猴子的人》，讲到在缅甸曾经发现过的金丝猴新物种的标本，人类 98 年来却一直没有找到这种猴，而我们怒江追猴人经过坚持不懈终于拍摄到了全球第一张金丝猴新物种在野外活动的照片。人类已经 98 年没有发现仰鼻猴属的新物种了，这是一个震撼世界的重大发现，引发了世界生物科学界特别是灵长类研究学界的极大轰动，它将是中国第 26 种野生灵长类动物。中国灵长类专家组组长龙勇诚教授建议将金丝猴新物种的中文名命名为“怒江金丝猴”。后来，常年在深山采药的老乡，捡到了一只离群脱队、奄奄一息的黑猴子，抱回家饲养。当他们看到了一张和自己家里那只猴子一模一样的照片，上面还写着“国家一级保护动物”、珍稀濒危物种“怒江金丝猴”，他们二话不说立刻将猴子上交给了政府。终于见到怒江金丝猴了！能意外得到这只全球唯一的雌性活体样本，这与国家长期以来对保护野生动物入脑入心的宣传效果密不可分，与怒江的生态保护和怒江人对大自然的敬畏密不可分，与追猴人的生物多样性保护执念密不可分啊！

再听53号选手洪涛的《镜头里的“猿”味人生》讲到了西黑冠长臂猿，普洱市景东彝族自治县在申报国际森林保护项目时因为缺少它的照片，最终与这个项目失之交臂。是谁拍到了第一张西黑冠长臂猿的照片？是景东县自然保护区管理局原局长张兴伟退休后在山里蹲了那么多年，终于在2008年12月拍到了西黑冠长臂猿的照片，这不是一张简简单单的照片，这是填补了自然科学界的影像空白，也弥补了张兴伟这一位老林业工作者的人生遗憾。他拍摄的照片于2009年在《中国国家地理杂志》上刊登，无量山西黑冠长臂猿首次进入人们的视线，引起了国内外学术界的强烈反响，越来越多的目光聚焦到景东无量山、哀牢山，使得西黑冠长臂猿和景东自然保护区走出了景东，走出了全国，走向了世界。这就是执着于生物多样性保护的楷模和样板啊！

前两天我刚看到新闻：“恐龙之乡”禄丰的绿化工人作业时发现裸露的两具大型的恐龙骨架；保山昌宁县发现了两百多株四个群落的桫椤群。今天有位选手讲到了桫椤。桫椤和恐龙是同时代的植物和动物，桫椤还是食草恐龙的食物，距今两亿至五亿多年，被称作是活化石。过去我们也找到过少数桫椤，但是这一次找到的是四个群落两百多株，了不起呵。这位选手讲到了村民说我们要保护好这种树。我在新闻里听到村民们说：我们小时候就见过这种树，但从来不会去破坏它。现在村民长成老人了，桫椤依然那么旺盛，成了我国目前独一无二的桫椤群啊！村民虽然不明白生物多样性，但是村民们在自然而然地保护；科技工作者是出自生物多样性有目的地去调研、考察、保护和挽救。

我们又听 52 号选手叶鑫的《吉》，这位选手非常巧妙地把纳西语的“水”同汉语中的吉祥连在一起。请大家注意：这一次 COP15 大会的图标就是一滴水，外形是一滴水，水孕育了万物万生，水滴中有人、有动物、有植物。我们特意为每位选手的演讲序号标牌设计为一滴水的形状。这位选手讲到了纳西族和大自然是同父异母的后代，纳西先民在与水的关系上异常密切，他把纳西族传统上的用水同今天我们提倡的用水节水联系在一起，与生物多样性结合在一起。选手一开始引入讲自己小时候的故事与水有关，结尾还是讲的水、流向拉市海、流向泸沽湖、流向金沙江、长江，流向祖国大地。选手是纳西族，他讲到了五十六个民族像流水一样融汇在一起，最后共同维护我们中华民族美好的绿色地球家园。《吉》，非常少的一个字的标题。我们有的选手的演讲标题好长，有的把演讲主题“生态文明：共建地球生命共同体”拿来做了演讲标题。标题又称为“题目”，题是额、目是眼，两人见面，先看额接着看眼，两眼对视，开始交流。《吉》这个标题很好，既有汉语吉祥如意的意思，又是纳西语“水”的意思，题目用字，少之又少，简明精致，一语双关，令人眼新。

再听 12 号选手赵冠任的《中国象棋》，题目取得好，吸引人。选手的开篇讲得好，他以幽默的方式讲起，从大象北上，如何犯规、越轨、扰民，人民如何宽容、保护、救助，再到中国智慧、中国方案。此次大象北迁南移可能是史无前例，更是全球瞩目的大幸事。正当西方舆论对中国鼓噪颇多负面报道之时，唯有对大象北上中国采取的有力保护措施全是正面的。因此，这位选手说到通过野象迁徙这件事儿，证明了大象赢了、云南赢了、中国赢了。因为通过这事，展示了多年来我国在生物多样性保护上取得的成绩，也是我国向国际社会交出的一份人与自然和谐相处的满意答卷。由此引申到中国智慧、中国方案，很巧妙地为我们的“一带一路”加了个定语“绿色的一带一路”。最后结尾点题，建议调整为“中国象棋，旗开得胜，步步为赢，气象万千。”如此，既紧扣题目把“象棋”两个字的谐音用进去，更凸显中国生态保护的可喜成就。

如此等等，今天登场选手给咱们展示的这些都是生物多样性保护的样板、榜样啊！

最后说“性”。竖心旁加个“生”，生命、生产、生存、生活、共生，等等，都要用心。要用心珍惜生命、爱护动物、保护植物、维护生态，投入到生物多样性保护、生态文明建设当中，一定要用心去做。我们的选手给我们展示了那么多的维护生物多样性的各条战线上可歌可泣的人和事，他们都是在用心呵，所以才有这么好的结果。这次 COP15 大会结束时，COP15 组织的一位主要官员说道：对目前生物多样性现状扭转的局势，需要各国政府用最大的政治推动力和政治决心，凝聚共识，共同合作。现在 COP15 第一阶段会议我们出台了《昆明宣言》，2022 年下半年要出台的《2020 年后生物多样性保护框架》，这是 COP15 大会第二阶段要做的事情。这次 GOP15 大会的召开真正吸引力世界的目光，彰显了中国的担当，展现云南的作为，贡献了《昆明宣言》。结合今天选手们所倾诉的我们云南生物多样性保护的可喜成果、中国生态文明建设的伟大成就，我建议“中国精神”中可以列入中国生态保护精神、中国生态文明建设精神啊！

今天的点评到此。在这个舞台上，作为会长，我代表云南省演讲学会要深深感谢 COP15 筹备工作执行委员会办公室、感谢云南省 COP15 筹备工作领导小组办公室，感谢中共云南省委宣传部，感谢中共云南省委教育工委、云南省教育厅、共青团云南省委对我们这次中英语 COP15 国际网络视频演讲大赛的领导和支持，特别要感谢中共云南省委教育工委对这次 COP15 国际网络视频大赛汉语成人组现场决赛的高度重视和强有力的支持。昨天下午大家在这里报到，而这里是在开会的呵，为了保证大家能正常地报到、抽签、走台、作好顺利大赛的准备工作，教育工委的大会是提前召开的。大家知道这几天疫情在反复，领导是担着风险让我们在这里聚集参赛啊，每位进场的人都要按规定进行核酸检测，控制会场人数，这是我们大家都要理解的要紧大事。因此，我们要诚挚地感谢各位领导对这次 COP15 国际网络视频演讲大赛汉语成人组决赛的高度重视和有力支持啊！

我还要深深感谢省内各州市的宣传部门，以及省内外各参赛单位的认真组织和大力支持，使这次 COP15 国际网络视频演讲大赛圆满结束了。同时，我要诚挚地感谢各位选手，请你们回去一定感谢你身边支持帮助你的同伴，感谢报名参赛未能入围参加决赛的同事选手，正因为有了大家的参与、437位参赛选手的付出，今天才有55位选手的入围参加决赛。鉴于疫情原因，我们采用线上线下结合的决赛方式，保证我们55位入围选手都能在决赛舞台上讲述生态保护的动人故事，展示自我，感染听众，影响社会，传递生态保护的正能量，彰显生态文明建设的精神。在此，我还要感谢我们云南省演讲学会的班子成员和专家委员会的各位专家，以及为此次大赛付出辛勤劳作的学会工作人员和广大会员。正因为有了这么强有力的团队通力合作，这次国际性的赛事才能有今天圆满成功，单凭个人是做不好事情的，众人拾柴火焰高啊！

这次COP15大会结束闭会的时候，缔约方大会执行委员会执行秘书伊丽莎白·穆勒女士总结了一句话：推迟了两次的COP15毕竟召开了，这本身就是成功；而采用线上线下结合的方式进行又是一次成功。我把这位执行秘书女士的总结搬过来用在这次COP15国际网络视频演讲大赛上，同样我们也是成功的。由于疫情等多种原因，我们参赛赛事有的日程流程一推再推、一改再改，大家也许都有审美疲劳了。但是，在大家的共同努力下，今天我们完成了、成功了。

在此，我吟一首小诗与大家共勉：

咬定青山不放松，任尔东西南北风；
老树新苗齐绽放，山高水长人为峰。

汉语青少年组选手作品

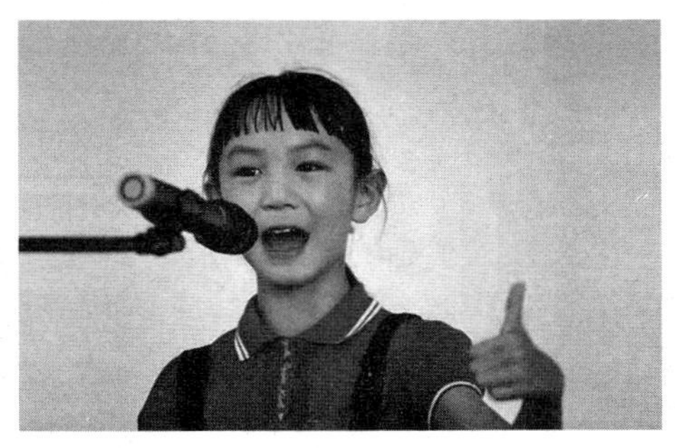

生态，让世界更美好

云师大实验中学初一（6）班　刘清源

我是中国的少年，是世界的一员，是地球的保护者。我希望新时代的祖国更富强，希望世界更美好，祝愿联合国《生物多样性公约》第十五次缔约方大会在昆明顺利举行，实现共建人类生态文明的梦想。

美丽的昆明，我的家。从我呱呱落地时，就听见翠湖的鸟鸣，看见海鸥的嬉戏；蹒跚学步时，我最爱喂养池塘里的金鱼。我生长在这绿色春城的怀抱里，与自然心心相惜，与多种生物融为生命共同体。

三年前爸爸到西双版纳州进行扶贫，很少有时间回昆明。疫情之前的那个暑假，我缠着妈妈带我去看爸爸，他们带我去游览了西双版纳的橄榄坝。橄榄坝真是个绿色的宝库，物产极为丰富，有椰子、杧果、香蕉、荔枝、杨桃、菠萝蜜、西蕃莲等。我们在果园里游玩，品尝到了各种鲜果美味，我简直不想离开了！

更让我难忘的是到勐腊县参观。在那里我看到了许多我叫不出名的植物，大大的叶子，几乎可以给我当披风了！漫步在“热带雨林”中，我看到许多“望天树”，他们几乎把天都挡住了，树下是乘凉的好地方！爸爸说：“这些树的年龄都有一千岁以上啦！”树粗得我们三个人都抱不过来！仰望这林中“巨人”的风采，漫步林间，清澈的溪水咚咚作响，聆听树上的鸟儿“唧唧啾啾”的鸣叫，我仿佛听到了它们在歌唱人与自然的和谐、歌唱美好的生态环境！我哼着愉快的歌声走在绿色的丛林中，奇花异果向我点头微笑，仿佛伸手就能摘到神秘果、绿橄榄、野樱桃……

在一夜好梦之后，我终于走进心驰神往的孔雀园。美丽的绿孔雀是云南独有的生物，它们是不怕人的，大大小小十几个围在我身边，我开心得都要醉了！轻轻抚摸孔雀背上的羽毛，观赏它翠绿的顶冠、闪着金光的尾羽。突然，孔雀开屏啦！“真美！真美！”我高兴地跳起来，这一趟真是没有白来！我转头看向别的孔雀，忽然，我发现有个小弟弟在用自己的面包喂孔雀，我立马走过去制止了。我对他说：“小弟弟，你不可以用自己的面包喂孔雀，那边有专门喂孔雀的食物，你可以去那里买。”“为什么？我就要用自己的！”小弟弟瞪着我说。“因为孔雀吃了你喂的食物会生病。”我耐心的和他讲解。听了我的话小弟弟才放下了面包，他羞愧地对我说：“姐姐对不起，我刚才不应该和你那么讲话，我再也不会把自己的东西喂给孔雀了。”我摸了摸他的头，高兴地走开了。

世界因生物而美丽，因多样而多彩！保护和发展生物多样性是我们人类的责任与使命！我想起习近平爷爷的那句话：“绿水青山就是金山银山。”仰望蓝天白云、四季飞花，一瞬间，我明白了保护生物多样性的许多道理。

朋友们，生态兴则文明兴，让我们从自己做起，遵守自然法则，多一份保护生态，敬畏大自然之心，为建设人与自然和谐共生的美好家园做出应有的贡献！

保护滇池环境　共筑海鸥佳旅

昆明师专附小月牙塘校区　王浩骅

“它们来了，它们来了，它们真的如约而至了”，我高兴地对妈妈呐喊到。一群海鸥携着秋色共赴一场蓝天之旅，这将是我心底最美好的留恋。

我们都知道每年都会有一群可爱的“朋友”迁移到我的家乡——四季如春的昆明来旅行，它们的模样十分可爱，圆圆的小脑袋，红红的小尖嘴，最值得一提的当然要数它们那雪白的翅膀了。当大量海鸥飞跃蓝天，盘旋滇池时，那场面真的超级漂亮、震撼。

据昆明市鸟类协会统计报道显示：总体上看，昆明市这几年的海鸥数量比较稳定，大约维持在 4 万只左右，我们能看到成群结队的海鸥在滇池上空盘旋的盛景。从这一方面来说，鸟

儿是我们的朋友，自然界的平衡离不开鸟儿，人与鸟和谐相处，是保护生态的平衡，因此我们更应该好好守护住它们的这一方栖息地和我们的美丽家园。

我们国家的总书记习近平爷爷曾提出“绿水青山就是金山银山”，所以，我们每一个人都应深入践行和落实习近平生态文明思想，积极参与环境治理工作，增强家园意识，环保意识并有所行动，这样才能共建美丽家园！作为小学生的我们，应该从自己做起，从小事做起，量力而行，尽自己所能保护滇池。比如：弯腰拾起地上的垃圾，不往滇池里扔杂物，不抓海鸥拍照……我相信，一个人的力量虽小，但每个人都出一份力的话就能守护滇池好环境，共筑海鸥佳旅行，促成靓丽风景线，引得游人同观光。

昨天，清澈的滇池水是长辈们对滇池的记忆；明天，滇池水荡起的波纹，成千上万海鸥翱翔的姿态将是我们后一辈对滇池的眷恋。

新农村的低碳生活

昆明市龙翔小学　陈柏全

今天我演讲的内容，是我亲身经历的一个小发现，却也是一个大变化，一个足以改变我们衣食住行及物质文化生活等方面的大变化。

2021 年 11 月的一个周末，我们回到了外婆的老家——云南建水的一个小山村贝贡。在这个秋意萧瑟的季节，多年前村庄周围的山上几乎都是光秃秃的斑块，或褐或黄，2021 年却呈现出了一片片深浅不一的绿意——山间丘陵上已不再是满目树桩和曾经光秃秃的枝丫，而是成片绿色的马尾松、罗汉松等常绿树。

进入村里，遇到了亲戚，一问才知：原来近年来村村通（通水、通电、通路）工程的完成，已经彻彻底底地改变了村

民们的生活方式。以往，大家烧火做饭取暖，都是在自留地里砍伐或者捡拾木柴，现在沼气灶、太阳能热水器和电力的普及，让大家用上了各种家电，在不再依赖砍伐树木的同时，还加大了植树造林的力度。贝贡村向来比较缺水，自从大家开始退耕还林并逐步形成了一片片绿坡后，原来的小水窖也逐渐地失去了它们原有的作用，只不过依旧留在原地成为村里曾经干旱储水的历史见证。

云南是中国生物多样性最丰富的省份，素有“动植物王国”的美誉。保护生物多样性既是全社会共同的责任，也需要我们每个人付诸行动。保护自然环境，积极践行绿色生活、绿色消费、绿色出行；杜绝食用野生动物的陋习，不随意放生外来野生动物，不参与非法买卖和利用野生动植物及其制品；不滥砍滥伐，不盲目引进外来野生植物，不破坏野生生物的生存环境，积极参与植树护林。自觉遵守生物多样性保护法律法规，主动了解生物多样性相关信息，传播绿色理念，做一名与大自然和谐相处、共同发展的宣传员。

当前人类的生存环境正在被自己制造出来的各种环境灾难威胁：水污染、空气污染、植被萎缩、物种濒危、垃圾围城、土地荒漠化、臭氧层空洞……在这个时刻，低碳已经离我们的生活不远，小区里的垃圾分类就是为了回收有用之物，城市里的公交车、私家车大多已是电动车，光伏开发提升了对太阳能的利用……我们作为小学生，不论在城市还是村镇，也应在日常生活中从自己做起，学习低碳节能知识和节能技巧，最大限度地减少一切可能的能源消耗，贵在坚持，养成习惯，还要鼓励他人和自己一起倡导和践行低碳生活。

很庆幸今天云南千千万万个农村已经像贝贡村一样崛起，是的，没错，就是崛起！良好的生活习惯，改善了我们的生存环境，人类作为大自然的一部分，也必须为这颗蓝色星球的璀璨贡献自己的一份力量！

以生态文明绘制美丽云南

楚雄彝族自治州武定民族中学　徐铭妍

习近平总书记曾说："生态兴则文明兴，生态衰则文明衰。"生态与文明息息相关，而新冠疫情就诠释了人类与自然是命运共同体的重要意义。对于生态文明而言，这场新冠肺炎疫情更是一场考验。"人与自然是命运共同体，人类必须尊重的人，顺应自然，保护自然。"云南野生亚洲象北迁之事，既是疫情对人类维护生态文明的考验，也是人与自然和谐相处的证明。

党的十九大报告强调："环境就是民生，青山就是美丽，蓝天也是幸福。"绿色繁荣发展，也是保护生态环境中不可缺少的条件。就拿我的家乡——武定这个小县城来说吧。村里的老爷爷告诉我，曾经他们把树木砍倒，在山坡上种庄稼。可没了树木，连着下几天大雨，就会发生泥石流、滑坡，损失惨重。后来是国家实施了退耕还林的政策，人们意识到环境保护的重要性，让原本荒芜的小山坡，一棵棵杨树、松树、板栗树相继拔地而起，透出活力，犹如一幅灵动的画卷。后来满山遍野的绿在云南现出勃勃生机，一代代人的行动，一辈一辈人的坚守，使云南这片土地不断“染绿”“复绿”，彰显出特有的绿色魅力。2020 年“十三五”期间，全省林地面积达 4.24 亿亩，森林覆盖率达到 65.04%，位居全国前列。这一切正是对“绿水青山就是金山银山”的最好诠释。云南作为我国生物多样性保护最有成效的地区之一，能代表中国举办《生物多样性公约》第 15 次缔约方大会，我这个云南的孩子为此感到无比的自豪。

可是，如今冰川消融、土地荒漠化、白色污染、酸雨等危害还存在于我们的身边。作为青少年，在日常生活中，我们又该如何为生态文明建设献出自己的一份力量呢？“取之有时，用之有度”，我们应该拒绝浪费，养成良好的环保习惯或者动动手来废物利用；我们应该提倡绿色低碳的生活方式，推动生态文明建设；我们应该不买卖、不捕食野生动物，保护生物多样性，树立尊重自然、热爱自然的观念。

让我们一起，与自然携手过低碳生活，走绿色发展道路，以生态文明绘制美丽云南！

保护生物多样性　共建美丽大家园

楚雄彝族自治州武定县近城小学　许瑞轩

亲爱的朋友们，你们喜欢大象吗？我呀可是个铁杆“象粉”，2020 年 3 月，野生亚洲象群从“老家”西双版纳勐养子自然保护区出发，最北到达昆明市晋宁区，它们啊一路受到政府和村民的热情款待，“逛吃、逛吃”，现已安全回家了。我好奇地问爸爸：“象群为什么要离开热带雨林北迁?”爸爸笑着回答我：“现在生态环境越来越好了，它们要来昆明参加 COP15 大会。”“大象也开会?”我哈哈大笑，“什么是 COP15 大会啊?”爸爸说：“COP15 大会就是《生物多样性公约》第十五次缔约方大会。习近平爷爷已经向全世界发出邀请，2021 年 10 月 11 日至 15 日和 2022 年上半年在我们的省会昆明举行。”

哦，我明白了，我们云南素有“动物王国、植物王国”之美誉，是全球 34 个物种最丰富的生物多样性热点地区之一，还是我国生物多样性保护实践最有成效的地区之一，所以才能荣幸地代表中国举办盛会，邀请各国共商大计。

那么，保护生物多样性有什么意义呢？古人在《三字经》中这样描述了生物多样性："地所生，有草木。此植物，遍水陆。有虫鱼，有鸟兽。此动物，能飞走。"我们相互依存，相互作用，相互影响。生物多样性为人类的生存和发展提供了丰富的食物、药物、燃料和工业原料，生物多样性维护了自然界的生态平衡。

习近平爷爷说："我们要维持地球生态整体平衡，让子孙后代既能享有丰富的物质财富，又能遥望星空、看见青山、闻到花香。"当前，全球物种灭绝速度不断加快，保护生物多样性刻不容缓，维护生物多样性是我们每个人的责任。

作为一名小学生，我们应该以身作则，分类处理垃圾，减少塑料袋、一次性餐具的使用，做一个低碳小达人；我们还应该学习和宣传生物多样性知识，保护珍稀动植物，让所有生物快乐生活，和谐共处！朋友们，我们只有一个地球，让我们携起手来，为保护生物多样性、建设美好家园贡献自己的力量！

小精灵红嘴鸥

昆明市金马中学　何家阳

每年的冬季，昆明总是最吸引人的旅游胜地，我们在这里不仅会迎来五湖四海的大朋友，还会迎来很多很多的小朋友，那就是来自西伯利亚的海鸥，因为它有着红红的嘴，我们大家叫它们红嘴鸥。

很多很多的红嘴鸥冬季都落户在滇池边。海埂大坝、海埂公园、大观楼、翠湖、世博园等有水域的地方都是红嘴鸥的家园，一片喧嚣，热闹极啦！一派生机勃勃的人鸥和谐欢乐的场景！

一个周末，我们全家来到海埂大坝，新扩建的大坝广场热闹非凡、人头攒动。优美的音乐伴随着“呱呱”的鸥鸣声，像交响乐响彻云天。海鸥一群群从我们头顶翱翔而过，拍照的、翩翩起舞的人群，把这里变成了快乐的海洋。

我买了很多鸥粮，不停地喂它们。我把面包撕成小块放在自己和姐姐的头顶上，一会儿海鸥就“俯冲”下来，将我头上的面包叼走了，有一次，我用手抓着面包举过头顶，突然海鸥站到了我的头顶上，吃我手里的面包，妈妈立即帮我拍了照片，真是开心极啦！

据说，政府有关部门每天都准备了鸥粮，在各处有海鸥的地方发放，让海鸥吃个饱。有些爱心人士也出资买鸥粮到各个水域让海鸥吃个饱。这是多么温馨的生物多样性保护场景啊！

老师说：云南生物多样性在世界和中国都有着重要地位，所以，要在昆明召开《生物多样性公约》第十五次缔约方大会，总结过去的保护工作，制定全球生物多样性框架，确定今后十年全球生物多样性目标。

我们生活在昆明，要更加爱昆明，更加关爱动物和植物，爱护环境，做好垃圾分类，保持环境整洁，让全世界的客人为我们昆明点赞！

高原的眼睛

昆明市金马中学　何思静

在我们昆明，有个美丽的滇池，它就像云岭高原上的眼睛，波光粼粼、含情脉脉，守望着这一片绿色的家园。

看哪！“五百里滇池，奔来眼底”，“喜茫茫空阔无边。”我们昆明人喜欢把滇池叫作“海”。海埂、海口、海边、海鸥，封海养鱼啦！开海啦！我们就喜欢这片海！就喜欢这一片纯净的“大海”。

滇池就像妈妈一样，温柔善良。睡美人像婀娜的少女，躺在妈妈的身旁。

曾几何时，滇池这双高原的眼睛，暗淡无光。工业废水——排向滇池；生活污水——排向滇池；滇池的水流不动了，睡美人的长发脱落了，高原的眼睛流泪了，我们的海在哭泣，高原人在哭泣，破坏生态，就是毁灭人类啊！

滇池是大自然的鬼斧神工，滇池是不可多得的财富。穿越历史，它是生命的颂歌。前辈的伟烈丰功，费尽移山心力，才为我们打造了这美丽的江山。滇池，是我们赖以生存的重要水源，千百年来，是它养育了高原的子孙。

昆明人终于觉醒，伟大的“救海”战斗打响了！“滇池卫士”站在了保护高原眼睛的最前沿！我们用智慧与双手让这高原的眼睛重新发光发亮。

如今，你再到滇池边，绕湖一圈，高原明珠美不胜收。这里恢复了永恒的阳光和春色，湿地上鲜花盛开、四季不败。鸟儿与海鸥尽情地嬉戏，人与自然和谐相处，滇池真美！

哇！我们又看到了“四围香稻，万顷晴沙，九夏芙蓉，三春杨柳”，高原的眼睛，重放光明。它在审视着华夏儿女，是否文明，滇池的水花在轻轻地歌唱：“爱我昆明，爱我滇池，爱我绿色家园！爱护我们的眼睛！”

生物多样性，这里鲜花盛开，四季如春；

命运共同体，伟大的祖国是绿色的家园。

让我们与生态同行，让高原的眼睛永放光芒！

孔雀栖处是吾乡

昆明市东华二小　苏潇然

在中国，有一个神秘美丽的地方，被称为“孔雀之乡”，它就是我的家乡云南。这里是绿孔雀的仅存之地。据 2013 年统计，绿孔雀种群数量不到 500 只，濒危程度高于我们的国宝大熊猫。东汉乐府诗“孔雀东南飞，五里一徘徊”中的孔雀，就是绿孔雀。

2013 年，中科院硕士叔叔顾伯健，前往云南玉溪新平县绿汁江河谷考察，发现这里是中国仅存的一片绿孔雀原生栖息地。2016 年，中国水电集团新平开发有限公司要在这条江上开建一座耗资 10 亿的水电站，一旦水电站落成，整个河谷将会被淹没，绿孔雀的原生栖息地也将不复存在。为了帮助绿孔雀讨回家园，顾叔叔他们马不停蹄地联系了环保部门及相关部门共同为绿孔雀发声。尝试了种种努力都失败的情况下，最终，他们走上了公益诉讼的道路，把绿孔雀的命运交给法院来解决。从2018 年到 2020 年，昆明市中级人民法院、云南省高级人民法院先后多次审理此案。被告主张：绿孔雀可能会飞到其他栖息地，水电站对淹没区不会造成过大影响。法院认为：这不仅仅是为了保护绿孔雀原生栖息地，还有另一种植物，也是国家一级重点保护植物——陈氏苏铁，那生根的陈氏苏铁也不能移动分毫啊！两种珍贵生物对生物多样性的重要性不言而喻，促使这场诉讼的天平更倾向于生物保护的一方。二审落幕，法院最终判决：被告立即停止戛洒江一级水电站建设项目，全国首例濒危野生动物保护预防性公益诉讼——“云南绿孔雀案”终于胜诉了。

这是一场里程碑式的胜利，也是云南人对环境保护观念的转变。对于先预防、后治理，云南人民领先了一步。2021 年COP15 在中国云南昆明举办，体现了国际社会对中国云南生物多样性保护成就的认可。在共同探索人与自然和谐共生之路上，春城欢迎您共同参与！在我的家乡，美丽、吉祥的绿孔雀恭候您的到来！

英语组选手作品

Human cannot be the last species in the book of life

云南省丽江市玉龙中学　张世琴

I was born in a small town located near the Yangtze River, at the foot of the beautiful Jade Dragon Snow Mountain. I had a lot of friends when I was young. Besides my few friends in the village, I had many other friends, like turtledoves and hoopoes in the woods, owls and squirrels in the valley, frogs and mussels in the ditch, swallows in spring and egrets in autumn, as well as foxes and black bears. Some of these friends just lived near my house. We met every day. Some lived far on the top of the mountain. When I saw them, I realized another year had passed.

A few days ago, I took my son back to my hometown. On the

way, he was amazed, so was I. He was amazed he had never seen so many small animals but I was amazed at his unknowing so many animals.

I forgot that he was born in the city. His only friends are people. He is never even see a rat. He has no more genies around him. His living conditions are much better than mine were. He has nice picture books, all kinds of electric toys and rich TV programs, which I couldn't even imagine when I was young. Those always made me envy him, and I often regretted my uneventful childhood. At that moment, I didn't envy him anymore, but I felt pity for him instead. In his childhood, he hasn't waited for the swallows to hatch yellow chicks; he hasn't found the flashes of light given by the fireflies in the night; he hasn't rolled and caught fish in the muddy water; he hasn't captured butterflies and dragonflies with the net in summer; he hasn't fallen asleep, hearing the frogs croaking in the pool, like the sound of the piano; and he hasn't woken up to the birds' singing in autumn.

That day, I took my son to climb the mountain near the village up to the top. I pointed each plant and animal out him, telling him that this is a raspberry, that is pomegranate; this is a stick bug, and this is a longicorn. My childhood was filled with these names. I also hope my son can learn their names. Much to my delight and surprise, there are still many plants and animals I don't know, let alone many new plants and animals for him. There is more dense woods than that when I was young, and there is more grass and flowers. I saw many small insects flying in the woods and some fallen feathers on the ground that I've never seen. The water in the river is crystal, unlike the muddy water when it rained in my childhood. I'm happy that he would know more genies than I did as long as he carefully watches the nature around him.

Yunnan is the province with the richest biodiversity in China. A few days ago, the online news of more than ten elephants' migrating to the north of Yunnan was widely reported. The Internet was full of jokes about those elephants. Some people say they went to attend the UN biodiversity conference, traveling and eating the whole way. They enjoy themselves and even forget to go back home because the environment becomes better. In order to protect the safety of the elephants moving north and the local people, China has mobilized all efforts to track the movements of these elephants every day through various modern means, so as to ensure that the elephants have enough food and protect their safety. It can be seen that the Chinese government is determined in its efforts to protect biodiversity.

3.5 billion years ago, since life appeared on the earth, there have been 500 million species that have lived on the earth, but nowadays most species have died out. Since humans entered industrial society, the species extinction has rapidly moved up ahead of time. Environmental pollution and over exploration is one of the reasons that many species become extinct. According to a report by the

United Nations Environment Programme, one plant on average vanishes every minute and one animal vanishes every day. I told my son extinction means farewell forever. That life brocade is interrelated. When the dominoes of species extinction fall down, we humans as one of them, cannot survive the disaster either. When we sing sad songs for the dead species one after another, who can finally come to the tomb of humans to mourn us? When name after name was deleted in the life book, the last one deleted will be humans ourselves.

My son asked me: "Can we stop the domino´s from falling down?" "Yes, of course" I said. We humans are making efforts. My son's children, and the children's offspring will live more happily than I did when I was a little girl. They will have a spring with swallows' nesting, a summer with fireflies' flying, a dream of going to see polar bears and giraffes, and a beautiful planet full of life.

译文：

人类，不该是生命之书上的最后一个名字

我出生在金沙江边，美丽的玉龙山下。从小，我有许多朋友。这些朋友除了村里的小伙伴，还有树林里的斑鸠和戴胜，山谷里的猫头鹰和松鼠，水沟里的青蛙和石蚌，春天的燕子，秋日的鹭鸶，甚至还有狐狸和黑熊。这些朋友，有的就住在我隔壁日日相见，有的远在山巅，每次相见，就知道又过了一年。

前几天，我带孩子回老家去。一路上，他惊异，我也惊异。他惊异的是，一路上怎么有这么多的小动物；我惊异的是，这么多的动物，他竟然都不认识。

我忘记了，他出生在城市，他的伙伴只有人类，连老鼠都没有见过，却再也没有我小时候身边的精灵。他的条件比我优越太多，有我小时候不敢想象的精美图书绘本，有各种电动玩具和永远看不完的电视，曾让我感到羡慕，为自己单薄的童年感到遗憾。但那一瞬间，我不再羡慕他，反而替他感到了些遗憾。他的童年，不曾等待燕子孵出黄口的雏，不曾在夜晚寻找萤火虫的微光；他的童年，不曾在泥水里打滚摸鱼，不曾在夏日张网捕虫，他不曾听着琴音般的蛙声入睡，也不曾在秋日的雁鸣中醒来。

那天，我带着孩子，从村边的山脚走到山头，一样一样地指给他——这是窝泡果，那是地石榴；这是竹节虫，那是孙悟空。这些名字曾经充满我的童年，我也想要我的孩子，能够喊出它们的名字。让我惊喜的是，虽然孩子不认识的动植物多，但我不认识的也一样多。山间的森林比我小时候更为茂密，花草比我小时候更为丰盛，其间飞着连我也不认识、不曾见过的小虫，落着我也不曾见过的鸟羽。江水青碧，再不复我小时候，一下雨河水就变成泥浆的狼狈。我很欣慰，只要有心，他会比我小时候，认得更多的精灵。

云南是我国生物多样性最丰富的省份。前几天，十几头大象一路向北的新闻充斥了互联网。网络上充满了调侃，说它们是来参加联合国生物多样性大会的，是来“逛吃”的，是因为环境变好，所以一路溜达过来乐不思蜀的。中国为了保护这十五头北迁大象和当地人民的安全，调动各方力量，每天通过各种现代化的手段来跟踪这些大象的行动，保证大象能够有足够的食物和它们的安全。由此可见，中国政府在保护生物多样性的行动上是有决心的。

从 35 亿年前地球上开始出现生命到现在，已有 5 亿种生物生存过，如今绝大多数早已消逝。自从人类进入工业社会，物种灭绝的时间表大大地提前。环境污染和过度开发都是物种灭绝的原因之一。据联合国环境规划署的一份报告说：世界上每分钟有 1 种植物灭绝，每天有 1 种动物灭绝。我告诉我的孩子，灭绝，意味着永不回头的告别。生命的织锦，环环相扣，丝丝相连。当物种灭绝的多米诺骨牌纷纷倒下的时候，作为其中一张的人类，我们也不能幸免于难。当我们为一个又一个物种的灭绝唱起悲歌，最后又有谁，能来到人类的墓冢凭吊？当生命之书上一个又一个名字被抹去，最后一个被划掉的，将是人类自己。

我的孩子问我“那我们可以不让多米诺骨牌倒下吗？”“当然可以！”我肯定地说。人类已经在努力了。我的孩子，孩子的孩子，会比我小时候更幸福，他们将会拥有一个有燕子筑巢的春天，有流萤飞舞的夏天，有去看北极熊和长颈鹿的梦想和一个生机盎然的美丽地球。

Ecological Civilization: Disasters VS Humanity, Which Wins?

东北师范大学　王之圣

The most treasured memory of my childhood is of the spring festival. When I was still little, our two big families would gather around the round table on New Year's Eve, discussing our regrets in the previous year and making wishes for the next year. We kids would be setting out fireworks and receiving red packets from the elders. That was the sweetest moment that I could have ever thought of. But last year, everything turned out to be different.

We were stuck at home, unable to jog or take a walk around the park, unable to hang out with friends or relatives, and even unable take off masks in public. We felt powerless in the face of the pandemic. This reminded me of a very similar image in a movie: When external forces are powerful enough to destroy our species, what can we do to fight for the survival for humanity? Should we surrender to our fate or we stand up together and fight for the last hope?

This is the setting depicted in "The Wandering Earth", a movie that has grossed 300 million dollars in China during its premier week alone. In 2019, audiences were amazed by the thrilling technologies and ingenious design, but few had realized that this fictional tale could wind up beings very similar to our own fate. And one year later, in 2020, we human beings were faced with this similar global challenge—the pandemic.

You may wonder: what's the big deal? It would take another billions of years for our sun to age and decay and then people might come up with a much more feasible solution than wandering with the earth. The same, the pandemic right now has been eased and contained. But the problem is: long before the next crisis could even happen, the earth might have been destroyed several times over thanks to the accumulation of our deeds. We cannot trace the origin of this vicious circle, but undoubtedly, we are inseparably linked to it.

The pandemic is not just a single case. Our planet is warming with devastating consequences. Be it optimistic or not, that is an acknowledged fact, which is impacting the lives of numerable species, right here, right now. According to a survey released by the International Union for Conservation of Nature, more than 15, 000 endangered species are on the brick of dying out. Compared to that of the natural elimination, the speed of extinction has rocketed to 1,000 times faster than normal. We have come to an epoch which is entitled with a shuddering name: The Sixth Extinctions.

Furthermore, when the pandemic was ravaging, it also seriously impacted other sectors. We came to realize that it is not just a health crisis, but also an economic crisis, an education crisis, an inequality crisis, and the list goes on.

The good news, however, is that oftentimes after having exhausted every other option, we tend to do what is right. That is the time when the solidarity of humans falls into place, as what Rousseau had foreseen more than two centuries ago: "Men cannot generate new strength, but only unify and control the forces already existing, and the totality of forces can be formed only by the collaboration of a number of persons."

At first, there were certain countries requiring citizens to wear masks. Then, we saw more countries following the rule because it finally came to our senses that personal freedom is hard to be realized without the guard of collective security.

As a language learner, I believed in facts rather than rumors. I believe in collaboration rather than isolation. We should stop any form of discrimination and prejudice. We should seek the common ground that we all share. And in order to achieve that, we need to start from ourselves, giving speeches, sending out leaflets, writing essays or just telling people around you what you think is right and wrong.

Last year, even though our two big families were stuck at home, we felt no less exhilarated. We recorded videos of our banquet and posted them into WeChat groups; we made phone calls to our loved ones to talk, and we kids were able to receive the red packets from the elders online. Physical distance cannot prevent us from reaching love and humanity. And in the face of crisis, love and humanity will always win.

译文：

生态文明：灾难与人类，谁是赢家？

关于童年，我印象最深刻的是春节。那时我还小，除夕之夜，两大家人聚在一起吃团圆饭，谈论过去一年的得失、许下新春愿望。而我们小孩子会燃放烟花、收长辈们的红包，那是当时我认为最幸福的时刻。但在2020年，一切都发生了变化。

我们被困在家里，不能去公园跑步、散步，无法和亲朋好友出游，甚至不能在公共场合摘下口罩。面对疫情，我们深感无能为力。这让我想起了电影中一个非常相似的场景：当某种外部力量强大到足以摧毁人类时，我们将如何为人类的生存而战？我们是选择屈服于命运，还是团结起来为最后的希望而战？

这是《流浪地球》中的场景，这部电影在中国上映首周就获得了3亿美元的票房。2019年，观众们震撼于电影中的高新技术和巧妙设计，但很少有人意识到，这一虚构的故事最终昭示着人类自己的命运。一年后的2020，我们人类面临着似曾相识的全球挑战——新冠疫情。

你可能会想：这有什么大不了的？我们的太阳还需要数十亿年才会衰老、衰竭，在那之前，人们或许能想出一个比跟随地球流浪更可行的解决方案。并且，目前疫情也得到了缓解和控制。但问题是：在下一场危机发生之前，由于人类行为影响的不断累积，地球可能已经被摧毁了无数次。我们无法追溯到这种恶性循环的起源，但毫无疑问的是，人类与其密不可分。

此次疫情并非个例，全球变暖正在造成毁灭性的后果。不论乐观与否，气候变暖正影响着无数物种的生死，这是公认的事实。世界自然保护联盟发布的一项调查称，超过15000种濒危物种正濒临灭绝。相较于自然消亡，物种灭绝的速度已经飙升了1000倍。我们所处的时代让人不寒而栗：第六次物种大灭绝时代。

此外，疫情肆虐还严重影响了其他方面。人们开始意识到，这不仅是一场健康危机，也是一场经济危机、教育危机、不平等危机等等。

好消息是，往往在多次试错后，人们总能选择正确的事情。这是人类团结的关键时刻，正如两个多世纪前卢梭预言的那样："人类无法创造新的力量，只能团结、控制现有的力量，这些力量只有众人团结协作才能发挥出来。"

起初，一些国家要求公民佩戴口罩。后来，我们看到更多国家开始遵守这一规则，因为我们最终意识到，如果无法维护集体安全，个人自由就难以实现。

作为一名语言学习者，我相信事实而非谣言；我相信合作而非孤立。我们应该抛却任何形式的歧视和偏见，寻求所有人的共同目标。想要实现这一目标，我们需要从我做起，做演讲、发传单、写文章，或者向周围的人宣传环境问题的是与非。

2020 年，尽管我们两大家人困在家里，我们还是同样感到兴奋。大家录下了团圆饭视频发到微信群里，我们给亲朋好友打电话拜年，孩子们也收到了长辈的线上红包。地理距离无法隔绝爱与情感，面对危机，真情永远制胜。

Saving the planet to save ourselves

苏州外国语学校　戴之菲

In 2019, there were less than 80 of Malaysia's Sumatran rhinos left all over the world. In Africa, over 200 Species of freshwater fish went extinct in Lake Victoria. In North America, the California red-legged frog, found only within that State, has declined by about 70 percent. 'Here we are, the cleverest Species ever to have lived. So how is it we can destroy the only planet we have?'

Kenya's Lake Turkana—the world's largest desert lake, is a habitat for a variety of wildlife including birds, Nile crocodiles, and hippos, and a source of food and income for about 300, 000 people. The lake is under heavy pressure because of overfishing, cyclical drought and changing rainfall patterns, and these changes are leading to a loss of biodiversity, declines in fisheries' yields, and a reduced ability to support humans. Without conservation methods in place, this could be the fate of many more ecosystems.

Moreover, the calamity of the bush fire in Australia which took place 7 months ago had largely reduced the biodiversity of the country. As a result, the broken ecosystem has threatened water supplies, increased the carbon dioxide emission and worsened global warming. To make matters worse, there is no sign that the ecosystem would recover anytime soon, and even if it would, it would be a different environment. Among all the countries that put in efforts to protecting biodiversity, China is unquestionably one of those who contributed the most. In 2020, 166 nature reserves of various types have been established in Yunnan, and 90% of the ecosystems have been effectively protected. In addition, 85% of the important species in the province such as the Asian elephant, Yunnan golden Monkey and west black crowned gibbon have been protected. In my hometown Suzhou, a type of water purification grass has been growing again in the heavily polluted lake area of Taihu Lake. Since the implementation of the "ten-year fishing ban" on the Yangtze River in 2020, finless porpoises, also known as the smiling dolphin, have frequently appeared in the Wuhan section of the Yangtze River. Our achievements are also acknowledged by international institutions. Marco lambertini, the global director of WWF said that just as the UN climate change conference in Paris "Unites everyone around a clear climate vision", COP15"has the potential to formulate similar plans for nature". He also said that China's environmental awareness and willingness to act has increased significantly in recent years.

As local citizens who live near Taihu Lake, we have witnessed many surprising phenomena these years. The water is getting cleaner, the algae is disappearing, and the birds are coming back. Just a few days ago, we have been visited by black swans. For our parents, they have seen more and more similarities between now and their childhood. For our generation, we are witnessing an environment more flourishing than we have ever seen.

To achieve greater progress towards biodiversity conservation, as one of the myriad teenagers, what can we do to protect our local biodiversity? Here are my three proposals. Volunteering and supporting protected areas. Encouraging direct payments for ecosystem services. They can provide economic incentives to conserve biodiversity and to use ecosystem services sustainably. Help build strong institutions at all levels. Most direct actions to halt or reduce biodiversity loss need to be taken at the local or national level. Suitable laws and policies developed by central governments can enable local levels of government to provide incentives for sustainable resource management.

General Secretary Xi Jinping once stressed that biodiversity is an important foundation for human survival and development. Civilization prospers as ecosystems prosper. we should stand at the height of being responsible for human civilization, respect, comply with and protect nature, explore the road of harmonious coexistence between Man and Nature, promote the coordination and unity of economic development and ecological protection, and jointly build a prosperous, clean and beautiful world. Protecting the ecosystem requires more than a simplistic, palliative approach. Only if we understand, can we care. Only if we care, we will help. Only if we help, we shall be saved.

译文：

拯救地球方能拯救人类自己

截至 2019 年，马来西亚苏门答腊犀牛在全球仅存不到 80 头；在非洲，维多利亚湖已有 200 多种淡水鱼灭绝；在北美，加州独有的红腿蛙的数量骤减约 70%。“人类是地球上有史以来最聪明的物种，我们又怎能摧毁我们唯一的家园呢？”

肯尼亚的图尔卡纳湖是世界上最大的沙漠湖，是包括鸟类、尼罗河鳄鱼以及河马在内众多野生动物的栖息地，也是 30 万人的食物和收入来源。但是，面对过度捕捞、周期性干旱和降雨变化，该湖已伤痕累累，生物多样性丧失，渔业产量下降，难以维持对人类的供给。如若不加以保护，可能会有更多的生态系统将遭受同样的命运。

7 个月前，澳大利亚发生丛林大火，造成该国的生物多样性锐减。破碎的生态系统影响了水资源供给，增加了二氧化碳排放，加剧了全球变暖。更糟糕的是，生态系统很难快速恢复，即使恢复也将不复从前。在所有努力保护生物多样性的国家中，中国无疑走在前列。2020 年，云南建立了各类型自然保护区 166 个，90% 的生态系统得到了有效保护。此外，亚洲象、滇金丝猴、西黑冠长臂猿等全省 85% 的珍贵物种都得到了保护。在我的家乡苏州，政府在污染严重的太湖湖区种植净水植物。自 2020 年对长江实施“十年禁渔令”以来，“微笑天使”江豚经常出现在长江武汉段。我们的成就得到了国际认可。世界自然基金会总干事马可·兰伯蒂尼说，就像在巴黎联合国气候变化大会提出的“众志成城实现气候目标”，COP15“将制订类似的自然保护计划”。总干事着重提到了，近年来中国的环保意识显著提高，并积极采取了一系列自然保护行动。

作为居住在太湖附近的当地居民，多年来，我们见证了许多奇迹。湖水越来越清澈，藻类不再疯长，鸟儿成群环绕。就在几天前，我们还见到了黑天鹅。对于我们的父辈而言，如今景象越来越像他们童年所见；对于我们这一代人而言，这是我们从未见过的生机盎然。

在保护生物多样性方面，想要取得更大成效，我们能做些什么来贡献自己的一份力量呢？我有三点建议：参加志愿服务、保护生态区域以及鼓励生态环境服务付费。多数保护生物多样性的措施都需要地方政府或国家来主导，付费方式能够为保护生物多样性和生态环境服务可持续提供经济支持，以建立各级有力机构。中央政府可以通过制定法律和政策，以规范和激励地方各级政府的资源可持续发展工作。

习近平总书记曾强调，生物多样性是人类赖以生存和发展的重要基础。生态繁荣，文明方能繁荣。要站在对人类文明负责的高度，尊重自然、顺应自然、保护自然，探寻人与自然和谐共生之路，促进经济发展与生态保护的协调统一，共同建设繁荣、清洁、美丽的世界。生态保护所需的不仅是一种简单的缓和之道，只有我们真正理解，才能重视；只有我们重视，才会付诸行动；只有付诸行动，才能拯救自然、拯救自我。

We all have the power to make a difference

青苗国际双语学校昆明校区 〔美国〕Dewey Louie Desloge

For most of my life I never really gave this topic much thought. I can remember living in Los Angeles and after it rained the beaches would be closed. Everything that was in the storm drains washed out into the ocean creating water that is unsafe to enter. If it is unsafe for people, what effect does it have on life in the ocean? I can remember listening to or watching the news and there were warnings about going outside because of unhealthy air. Nevertheless, I never really gave it much thought.

I think the big turning point for me was about twenty years ago. I was about to become a father and I wanted to have a job that allowed me to be around my children. I thought I would give teaching a try. I went to university and my journey as a lifelong learner had begun. It was at this point I really started to think about the environment.

When I walked outside my home in Bangkok, plastic bags were everywhere. They were blowing in the wind, stuck on fences and even in trees and on plants. When I bought something at a convenience shop, the clerk would double or triple bag my purchase. It wasn't just plastic I noticed. I saw trash, oil and other pollutants floating in the waterways.

I started to do small things such as recycling and reusing things. Making sure things were turned off when I left a room.

As a parent and a teacher, I have had an opportunity and responsibility to convey the message about an Ecological civilization. It has been a great platform to make a difference. My children and students have been made aware of the choices we face if we want a shared future for all life on Earth.

Choices have consequences and consequences can be either good or bad. If we choose to take care of our environment, the consequence will be good. If we choose not to take care of our environment, the consequence more than likely will be devastating.

An important part of learning is the learning cycle. We need to apply what we learn and take action. My students last year did a fantastic job of this last year. They inquired about global hunger. They took their findings and put on an exhibition to bring awareness to this problem that is impeding on our Ecological civilization. In addition, the students had a food drive to help people less fortunate.

They also demonstrated that we all have the ability to teach and learn regardless of our age. I like to think of it as the domino effect. I taught my students and they taught their classmates and family members. Now these people will teach other people.

So let's remember, it doesn't matter if we are young or old, a scientist or a clerk in a shop, we all have the power to help make an ecological civilization.

译文：

改变，从我们自身做起

在过去的生活中，我很少真正地思考过这个话题。依稀记得住在洛杉矶时，暴风雨后，海滩关闭，所有的脏污都会被冲进大海，造成海水污染。这些污水对人类有害，那对海洋中的生命又将影响几何呢？电视或广播上的新闻也会经常预告空气污染，让人们减少外出。然而，我却从未认真思考过这些问题。

不过，一切都在20年前迎来了改变。那时，即将成为一名父亲的我想找一份便于照顾孩子的工作。于是，我开始尝试教学。进入大学后，我开启了终身学习之旅，也正是在那时，我开始真正地思考环境问题。

在曼谷，每当我走出家门，就会看到塑料袋遍地都是。风起飞扬，它们卡在栅栏上、树上、植物上。当我在便利店买东西时，店员会用两三层塑料袋包装我购买的物品。我还注意到，河渠里漂浮着的不仅有塑料袋，还有垃圾、油脂和其他污染物。

我开始从小事做起，比如开始回收利用，重复使用，离开房间关灯断电，等等。

身为一名家长、老师，我有机会也有责任传递生态文明知识。教师的身份也便于我做出一些贡献，如今，我的孩子们和学生们已经意识到，想要构建地球生命共同体，在生活中究竟该做些什么。

选择可以带来好的结果，也可以带来坏的结果。如果选择关爱环境，那么结果将是积极的；如果选择无视环境，后果将是毁灭性的。

学习的一个重要方面就是学以致用。我们需要运用我们所学到的东西并采取行动。2020 年，我的学生们都做得很棒，他们研究了全球饥饿的问题，并以展览的形式展示成果，提高了人们对于生态文明问题的认识。此外，他们还通过分发食物帮助那些身处困难的人。

他们也向大家证明，无论年龄大小，我们都有教育和学习的能力。我将其看作多米诺骨牌效应：我教导我的学生，他们学会后也会教育自己的同学和家人，而他们的同学和家人又会影响更多的人。

所以让我们记住，无论我们是年轻还是年长，是科学家还是店员，我们都有能力保护生态文明。

Working together for positive change

云南师范大学附属小学　潘炫瑞

Oak trees flourishing, monkeys hopping around, bees buzzing and birds chirping. This is what I experienced on Baima snow mountain when I was there doing my scientific project this summer.

The mysterious snub nose monkeys play an important role in the eco-system. Locals bet their life on it. However, 40 years ago, the monkeys were killed for money on the black market. Only 500 of them were left, which caused a ripple effect: The eco-system was facing a great challenge.

To solve this problem, governments not only used financial incentives to encourage hunters to protect monkeys, but tought them how to use high technology such as Monkey Face Recognition to better monitor them.

The impact has been made. The number of snub nose monkeys increased dramatically.

Ladies and gentlemen, if we want to save our planet, every citizen should learn more about the importance of biological diversity and work beyond the borders to make a difference.

译文：

携手共创美好未来

枝繁叶茂的橡树、上蹿下跳的猴子、嗡嗡作响的蜜蜂、叽叽喳喳的鸟儿，这些都是我 2021 年夏天在白马雪山做科学项目时目睹的景象。

行踪神秘的金丝猴在生态系统中发挥着重要作用，与当地人的生活息息相关。然而，40 年前，有人开始屠杀猴子在黑市上售卖，如今只剩下约 500 只。这产生了连锁反应，给生态系统带来了巨大的挑战。

为了解决这一问题，政府不仅通过经济手段鼓励猎人保护猴子，还教给他们如何使用猴脸识别等高科技来更好地监控它们。

这些措施取得了显著成效，金丝猴的数量急剧增加。

女士们，先生们，如果我们想要拯救我们赖以生存的地球，每位公民，不论国籍，都应该更多地了解生物多样性的重要性，行动起来！

后 记

2020年10月，国家主席习近平在联合国生物多样性峰会上向世界发出“春城之邀”。为深入学习宣传和贯彻落实习近平生态文明思想，迎接联合国《生物多样性公约》第十五次缔约方大会（简称COP15）在云南昆明召开，围绕COP15主题“生态文明：共建地球生命共同体”，提升全社会生物多样性保护意识和生态文明素养，深入宣传我国生态文明建设和生物多样性保护进展成果，展现我国积极参与全球生物多样性等环节治理成就的世界贡献，讲好生物多样性保护和共建地球生命共同体的中国故事，为大会召开营造良好舆论氛围，在COP15筹备工作执行委员会办公室的指导下，由云南省COP15筹备工作领导小组办公室、中共云南省委宣传部、中共云南省委教育工委、云南省教育厅、共青团云南省委主办，云南省演讲学会、中国日报社21世纪英语教育传媒承办的COP15国际网络视频演讲大赛于2021年10月30日圆满落下帷幕。来自海内外的选手满怀热情踊跃报名，积极参与，讲述了对演讲主题的思考和领悟；讲述了中国生物多样性宣传保护工作和生态文明建设成果，充分展示了中国保护生物多样性的中国贡献和中国实践；

讲好身边致力于构建人与自然和谐共处，共建世界美好家园中涌现出的感人故事。云南省演讲学会将进入决赛的汉语成人组优秀演讲稿，以及英语组、青少年组部分优秀演讲稿共计68篇编辑成《与生命对话——COP15 的实践与思考》优秀演讲作品集，作为全省演讲爱好者学习借鉴的范本，以期产生更大的社会影响力和时代正能量，为“生态文明：共建地球生命共同体”谱写新篇章。

本书编委会由云南省演讲学会班子和演讲学会研究专家委员会主要成员，以及云南省生物多样性保护基金会、中国日报驻云南记者站主要成员等共同组成。云南省演讲学会会长李暾教授和段兆尧理事长、李映青社长同心同道，认真策划，统筹协调；学会冯书副会长的遒劲题签和方可为副会长的精美彩照特别为本书增色添彩；冯书副会长和刘本龙常务理事细心阅稿校对；程鑫秘书长和陈江常务副秘书长等为本书顺利付印出力颇多；大家为本书编辑工作提出不少好的建议。

在本书由云南大学出版社付梓出版之际，谨向云南省COP15 筹备工作领导小组办公室、中共云南省委宣传部、中共云南省委教育工委、云南省教育厅、共青团云南省委为此次COP15 国际网络视频演讲大赛的成功举办表示衷心感谢！特别向中共云南省委教育工委、云南省生物多样性基金会，为此次大赛提供了决赛场所和赛事经费，使此次大赛得以顺利成功举办，为 COP15 增光添彩表示衷心感谢！与此同时，向省内外各有关部门和学校，以及海内外广大演讲选手的积极参与和大力支持表示衷心感谢！

尽管编辑组付出了努力，但由于水平所限，编辑刊发中难免尚有不周之处，诚请广大读者不吝指正并予以谅解。

编 者

2021 年 10 月 31 日于春城昆明